生活艺术家的手作私宅

[日] 中村好文 ———— 著

蕾 克 ———— 译

上海人民出版社

前 言

　　以前我为企业宣传杂志《INAX REPORT》写过一个名为"走进建筑师的家"（Architect at Home）的连载专栏。

　　这个专栏，旨在用平易近人的文笔，记录我去建筑师私宅采访时的所见所感。最初，我和编辑部约定好连载三年，没想到喜欢我的文章的读者颇多，想必因为《INAX REPORT》中其他文章内容信息量大，值得攻坚一啃，相比之下，我的平易小文读起来十分放松，所以又续了三年，前后共连载了六年。那之后，INAX 公司与 LIXIL 公司合并，杂志名称随之改为"LIXIL eye"，编辑部向我约稿做连载，虽然编辑没有明说，言外之意似乎是"只要是轻松好读的文章"就可以。

　　在法餐的全套里，鱼类主菜和肉类主菜之间有一道名为"Granité"的冰沙，是让食客清口的甜点，大概在编辑眼里，我的连载就是一道 Granité。

　　我在写建筑家私宅连载时，曾经想过，如果照样做一个"艺术家的住宅"连载一定很有意思，编辑一听，立刻拍板同意了。就这样，新连载"走进艺术家的家"（Artist at Home）开始了。最终这个栏目也持续了三年时间，期间我一共走访了十二座艺术家的住宅。

　　总之，本书是"走进艺术家的家"十二篇连载中的十一篇加上新写的"陶艺家　武田武人"结集而成。（因为各种原因，威尼斯玻璃工匠的住宅篇未能收进本书，非常遗憾。）

和从前走访建筑师私宅一样，本书中的艺术家，并不是那种政府发过荣誉勋章的著名大艺术家，而是一些与地位和名誉都无缘的自由人，他们因为出众而别致的作品，在小众圈子里颇受欢迎。

　　连载开始时，我并没有准备名单，只是由着兴致，首先去走访了前川秀树先生，由此清晰地把握到了连载方向。

　　具体解说这个方向性的话，那就是"在某某地方，住着某艺术家，做着某类作品，他的生活情形如何如何"，我的构思是，只要把这几点都写到，大约就足够了。所以，我采访的这些艺术家，有些是我的老友，有些是友人介绍，有些是路途中的偶然邂逅。整个采访就像台球桌上的球，撞到那边，反弹回这边，顺势而为，走一步算一步。

　　回看一下采访过程，每次都是既没有前期准备也没有严谨计划的闲散之行。所以，如果读者也能用一种轻松翻阅的姿势和心情，翻开这本闲散小书，就再好不过了。

中村 好文

目　录

织物设计师

真木千秋

115

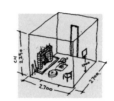

陶艺家

小川待子

131

锻造家

藤田良裕

151

佛科拉工匠

保罗·布兰德里西奥

171

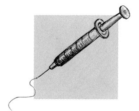

画家

绵引明浩

189

陶艺家

武田武人

209

摆在玄关迎接来客的，
是一把古雅的
牙科诊疗椅

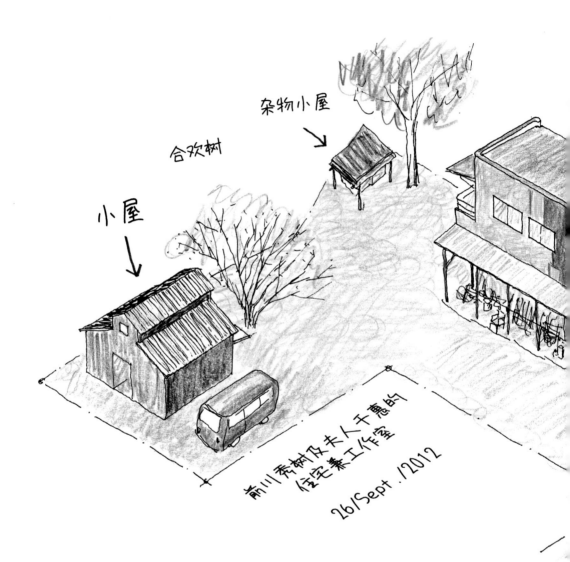

杂物小屋

合欢树

小屋

前川春树及夫人千惠的
住宅兼工作室

26/Sept./2012

前川秀树

是这样啊，原来整座房子
就是一个大标本盒！

这本书，就用前川秀树先生开篇吧。

前川先生既是雕刻家、画家、工艺师，也是奇谈作家，可谓多才多艺。他家位于茨城县土浦市，那是田园风景正逐渐消失，转而被成品住宅区取代的地带。我一路欣赏着清新散淡的风景，走下缓坡，忽然眼前一亮，看到在一片被保留下来的树林和草地前，立着一座住宅。这座用黄色土壁式外墙围起的四方形建筑，就是前川先生的家兼工作室。外墙上有重新上色维修的痕迹，新旧的大块漆面相连，宛如一个拼贴作品，让人一眼即知，住在这座与众不同的房子里的人，也注定与众不同。正当我抬头观望着房子如此感想时，就看见房子主人前川先生笑容满面地出门迎客了。他有一张仿佛用圆规画出的圆脸，带着圆眼镜，叼着烟，穿一条肥大的赤褐色长裤……那样子，就像把一个喜欢恶作剧的小孩放大了两倍，怎么看都不是普通人。"来了啊。"一句简单的问候之后，他便在前头领路，带我走入房子右侧临街的工作室。

我是一个很容易惊喜感叹的人，一进工作室，就被木板拼接的大门吸引了视线，马上满心喜欢地按下了相机快门。这扇用旧木材和彩漆木板横向拼接而成的门，四处随意贴着镀锌铁片、镀锡的通风口百叶，以及仿佛有着特别意义的金属号牌，宛如一幅现代抽象画。具体举例的话，就像罗伯特·劳森伯格[1]的拼贴作品。进了这扇门，便是一个高顶棚空间，这里就是前川先生制作雕刻等立体作品的工作室。室内乍看散乱，细看便会发现，无论是材料和雕刻刀，还是电动工具和焊接器械，都各居其位，井井有条。工作台上方的照明灯，可以轻松回转移动，用起来十分方便，整个工作室看起来便利而舒适，明快敞亮，同时又具有"现场"的张力，仿佛主人刚放下手里的活儿，认真而严密的气氛尚在。

我去的时候，正逢他在为即将开幕的个人作品展筹备作品，只见工作台上放着一个头生鹿角的男像木雕。那一刻，一缕柔和晨光刚好从高窗流泻而下，照亮了木雕的右侧脸和肩膀，就像一幅电影画面，也宛如一场梦境。雕刻家在工作时遭遇如此亦真亦幻的瞬间，一定会觉得，这是神在赐福吧。我想，自然光线带来的珍贵一刻，一定是缪斯赠送给埋头工作的艺术家的一份特别礼物。

请允许我转换一下话题。

前川先生的家兼工作室的这片占地呈 L 形，面积大约 180 坪[2]。这样一块地面上，恰到好处地分散着三座房子：长方形主屋，是住宅和工作室；人字形屋顶小屋，既是书房、储物室，也是客房和作

---

1 罗伯特·劳森伯格（Robert Rauschenberg，1925—2008）：美国画家、雕塑家、图形艺术家。擅长将世俗的、有形的、琐碎的日常生活与都市文化纳入画布之上。——译者注。本书注释如无特别说明，均为译者注。

2 坪：源于日本传统计量系统的面积单位，主要用于计算房屋、建筑用地之面积。1 坪约为 3.3 平方米。

远看主屋。墙壁上有修补涂抹的痕迹，形状和颜色恰到好处，颇具艺术感，不愧是前川秀树。

品展示室；还有一间我想称其为"Santa Fe Style"[1]的杂物小屋。

原本来参观工作室的我，此时走出主屋，决定去人字形屋顶的小屋看看，因为这座外墙黑色、左右对称的房子，仿佛早就在呼唤着我的注意。

小屋门面向院落，有个深出檐，檐下摆放着扶手椅和桌子，神似西部电影里酒吧外的露天酒桌，让人舒服而放松。我和前川先生坐在这里闲聊了片刻，才进到小屋中。前川先生大量的收藏都安置在这间小屋里，可谓保存得当，整理有序，陈列精心。从书桌和墙壁上星罗棋布的昆虫标本盒起，我认真地一件件看过去——各种动物和鸟类的骨骼，整贝和贝壳碎片，漂流木，以及其他众多小玩意儿。看着看着，我想起了小时候的标本盒，接着又联想起了实验室。刚才一进小屋，我就觉得莫名亲切，恍若曾经来过。对呀，真像初中的实验室。沿着书桌旁的陡直阶梯上到阁楼，实验室的感觉更强烈了。阁楼的墙壁和天花板都涂成青绿色（法语中的"Bleu Pétrole"），人在其中，仿佛潜入了池塘底。墙边是一人高的玻璃门标本柜，里面郑重地陈列着各种有故事的藏品。

我站在阁楼里四处打量着，不由得会心地点点头："我明白了，这座房子本身，就是一个大型标本盒！"

出了小屋，我们再次走进主屋，参观工作室之外的其他房间。

1　Santa Fe Style：指印第安风情的建筑。圣达菲（Santa Fe）为美国新墨西哥州首府。为了保护早期居住在这里的印第安人和后来的西班牙殖民者给城市留下来的特有风貌，当地政府曾发布法令，规定市内所有的新建筑都必须表现出西班牙村庄风格（泥草墙）和木头的结构。许多钢筋水泥建筑后来又添加了瓦片屋顶和泥草墙。

　　　　　　　　　　　　　　　生活艺术家的手作私宅

1　2

1　小屋中央是一个通风敞亮的走廊，前川先生的雕刻作品
　　就像一个挺立的守屋卫士。

2　木门上贴着仿佛有着特别意义的金属号牌，前川先生大
　　学毕业后在巴黎生活过一段时间，这些也许是他当年
　　捡集来的宝贝。

一进正门，首先看见玄关摆着一个古雅的牙科诊疗椅，以及一件振翅欲飞的天使雕像。再往里面走，目之所及，是数量众多、种类纷繁的物件，仿佛迫不及待要给来宾讲述各自的故事。有些是前川夫妇四处捡拾而来，有些是从世界各地的旧物店入手，有些则是房子主人自己的手作。我被物品的数量和种类折服，只呆立在原地四下观看，又不知怎么地联想起了狗狗欢快地从四处叼来骨头，藏在屋外走廊地板下的情景。

对了，说起"手作"和"骨头"，我忽然想起一件颇为惊讶的事。前川先生的手作里，有一个梅花鹿头骨。他很迷恋"骨骼的美感"，特地请北海道的猎人[1]将狩猎来的梅花鹿头颅用快递寄到家中（一个新鲜的整鹿头直接放在纸箱里快递！），然后花了很长时间慢慢熬煮鹿头，终于得到一个完美的颅骨。他做的事，有时候真的很吓人。

但说真的，前川能干各种手工活儿，不仅制作木雕，焊接之类的金属活儿也不在话下，堪称万能的名匠。近年来他不太做了，但以前曾有一段时间，他制作了各种愉快自在的生活用具，小到照明灯具，大到家具。

沿着足见他焊接功夫的铁板台阶上到二层，便到了起居室、餐厅和厨房等日常活动的地方。整座房子里，好像只有这几处有日常生活的"家味儿"。话虽如此，但就连这几处也泛滥着各种收集品。就好像从藏品的缝隙里，才好不容易看到了几分"住宅应有的样子"。我一边看着右侧的厨房，一边向里走，所到之处几乎和工作室没有

1　猎人：这里指有狩猎执照的猎人。

1

2

1　人字形屋顶小屋的正脸。正前方是深檐
　　覆盖的露台，让人想起西部电影里的露
　　天酒桌。
2　一进房间里我就想，这颜色不是日本
　　的，因为从中感到一种法国味道。后来
　　在"法国传统色"色卡上看到这种颜色
　　叫作"Bleu Pétrole"。

1

生活艺术家的手作私宅

2

1 高顶棚的工作室内部。穿过高窗照进室内的阳光，像舞台灯光一样打亮尚在制作中的木雕像。这是一间静默的工作室，只要看光线位置便知晓时间。

2 挑空的下面，正好形成一个舒服的工作空间。复式二层边缘的铸铁栏杆，看似新艺术风格，当我发现这其实是"胜家"牌缝纫机的铁脚旧物再利用时，不由自主地嘟囔了一声"真有你的"。

雕刻家 前川秀树 013

两样，台面上放满了他的木雕作品，埋位等待在下一次作品展上出场亮相。

刚才在小屋里，我心里总有似曾相识之感，好像来过这里，而现在这个房间，也让我心生同感。并且我确实忆起了"这里"。

几年前，我接了一个介于家具设计和住宅设计之间的工作委托，幸获机缘，数次拜访了位于北镰仓的涩泽龙彦[1]宅邸。涩泽先生的宅邸，让我体会到一种近似凝视凸面镜的奇妙感受。此刻在前川先生家里，这种感受被重新唤醒了。记得在涩泽先生的房间里，无论是书桌、玻璃柜，还是墙壁，都摆满了无法计数的贝壳、骨骼、昆虫、玻璃球、人偶和绘画作品。而且它们的形状和氛围皆奇幻而诡异，像从凸面镜中看到的扭曲变形的世界。当然，涩泽先生家和前川先生家的样貌看上去相似，却有绝对的不同之处。前川先生的每一件藏品，皆与他的造型作品有直接关联。对前川先生来说，藏品是教科书，也是资料库——不对，不完全是与造型作品相关，最近前川先生作为文字作者，充分发挥语言这把雕刻刀的功能，刻出了奇谈文学作品，堪称鬼才。他的众多藏品，可能就是激发他想象力的灵感来源。

前川家的几处房子，小屋也好，墙壁上像贴着补丁的主屋也好，就像百宝箱，装满了他的教科书，同时，也是他的脑内世界的外现吧。

1　涩泽龙彦（1928—1987）：日本现代小说家、评论家。以充满暗黑色彩的幻想文学作品而闻名，成为日本幻想文学的先锋。

部分宝贝。前川的喜好讲究和品位，不仅显示在收集方向
上，从陈列展示方法上也能窥见一二。

穿过餐厅再往里走的房间。这里也像工作室，窗边放满了
等待个展亮相的作品。

生活艺术家的手作私宅

照片中的前部是餐厅，斜右上方是厨房。千惠做饭很好吃，这次她为我们准备的美味午餐是平菇意大利面、烤红椒和蔬菜沙拉。

在小屋外的门廊闲坐聊天的前川和
我。不一会儿，他的爱犬慢悠悠地
走过来加入我们的谈话。

　　　　　　　　　　　生活艺术家的手作私宅

后 记

　　拜访过前川家后，他的"标本盒"和"实验室"一直在我脑中挥之不去，可见这次参观给我留下了多么深刻的印象。

　　正好在同一时期，我偶然在家整理书架，发现一本压在书堆下的涩泽龙彦的著作。顺手翻检了一下，发现了一段用铅笔划线的段落（这是我在学生时代读过的书，自己都不记得划过线）。

　　　　回想一下我们小时候，是不是也曾有过一个秘密盒子，装满了比如坏掉的钟表上拆下的零件、炭火柜抽斗里偷来的祖父的眼镜片、从运动健将的堂兄弟那里得到的奖牌、练兵场捡的黄铜雷管、五颜六色的玻璃弹珠、油亮的大橡子、风干的蜥蜴尸骸、钢笔帽、铁链、发条、锡兵、胶卷残片、削到很短的巴伐利亚彩色铅笔之类的东西，收集这些小玩意的过程中，我们曾有过多少难以言喻的快乐呀。……让·科克托的小说《可怕的孩子》里，也有一段情节，描写了小孩子们怎么收集这些亲爱的小破烂儿。这些"宝贝"，对小孩的想象力来说，是开启另一个世界的通灵之物。它们是信物，是浮标，缘此能窥见深潜在我们意识深处的、对物的泛性欲式迷恋。这些物品的集合体，自动构筑出了一个百科全书式的、独自运转的宇宙。（涩泽龙彦，《梦的宇宙志》）

　　哎呀，真没办法，这段怎么看都像在写前川秀树。

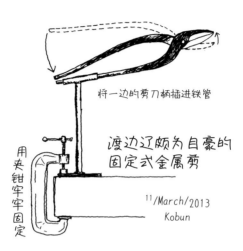

将一边的剪刀柄插进铁管

渡边辽颇为自豪的
固定式金属剪

用夹钳牢牢固定

11/March/2013
Kobun

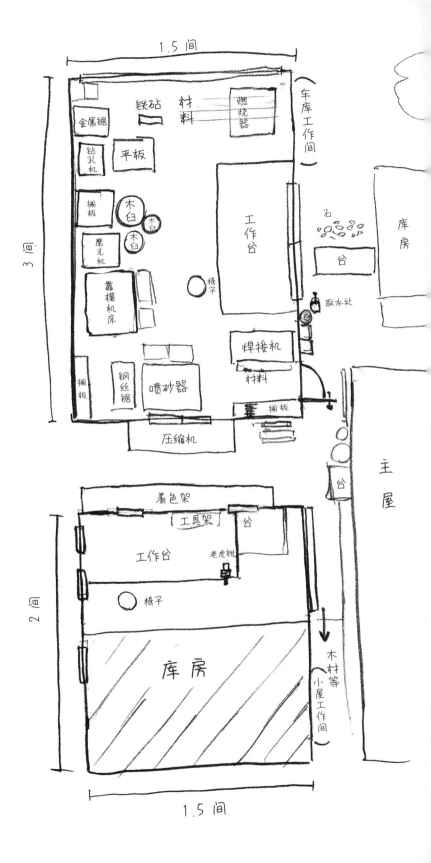

金属造型家

渡边辽、须田贵世子

"车库中也能诞生艺术！"正是如此。

香川县高松市在 2012 年 11 月 23 日和 24 日举办了第一届濑户内生活工艺祭，这是一个展示兼售卖手工作品的大型活动，全国各地的手工作家带着自信之作，汇聚到了高松城遗址玉藻公园里。

　　我是此次活动的提案人之一，自然无可推脱地担任了选考委员会委员。对我来说，既然本次活动的关键词是"生活工艺"，选取标准就应该是日常实用的工具。但实际操作起来，才知道有些作品很难用这个标准去衡量。这些作品奇妙而有力，让我喜欢又着迷，很想亲眼看看实物，用手摸摸触感，更想倾听一下作者的想法。

　　我这次要去拜访的金属造型家渡边辽就是其中一位。

　　我和渡边先生在玉藻公园的会场相会，这是我们初次见面。公园里林立着一众作者的展示铺，渡边先生的小铺也位列其中。他的台面上展示着一些像扁平的卵石、又像甲虫外壳的作品，以及一些若称之为器物又不太准确的容器，还有像把圆球劈成两半的灯罩。这些作品都是铁质的，表面加工形成的质感很有个性，让我直觉地意识到，它们不仅外观有魅力，手感和所形成的氛围也令人惊喜。他的作品，就是他本人沉静气质的投影。渡边先生说话声音不大，慢悠悠的，像在说给他自己听。这种说话方式，让我感到很亲切。

　　为期两天的生活工艺祭顺利结束的当天晚上，出展作者、主办者和选考委员们聚在一起，举行了一个热闹的庆祝派对。这种聚会对我来说，是和平日无缘得见的年轻艺术家们举杯谈心的绝好机会。

渡边先生和伴侣——青铜铸造家须田贵世子一起参加了派对。在与他们两人杂谈间，我忽然想起一件事，于是当场委托工作："能请你们帮我铸造一种装在木窗框上的青铜把手吗？"那时我的工作中经常用到木窗框，但普通窗框把手都是铝质的，四四方方，冷淡无个性，我不喜欢。我正想着要做一种"无论材质还是造型，都握起来很舒服"的把手时，就邂逅了他们，正可谓"我想渡河，他们有船"。更让我高兴的是，两位马上异口同声地回答："太好了，我们想试试看。"答应得特别爽快。

当我打电话询问是否能采访他们的工作室时，渡边先生用他惯常的低沉嗓音说："哦……我平时和父母同住，房子是普通房子，工作间很窄小的，真的值得写出来吗？"尽管他有些担心，但还是痛快地答应了。对于功成名就的艺术家宅邸，我当然感兴趣，而对于正在成长的年轻艺术家的住宅，我更是好奇心满满，因为这样才能看到他们处在起点时的工作和生活状态。

即便不引用"艺术诞生自屋顶阁楼"这样的说辞，我想，经济上的不宽裕和工作环境的不完美，会变成年轻艺术家身体中的铁骨，头脑里的钢筋。所以渡边先生的住宅和工作室，正是我满心期待去参观的地方。

摄影师相原开车在大宫车站接我同去，车行了大约十分钟，没有迷途绕路，就准确地开到了渡边家门前。上一次见面是三个月前，现在渡边和须田两位多少有些紧张，他们先带我上了二层。二层看上去像是起居室兼作品展示室，我一边闲聊着轻松话题，一边看着每一件作品。我在这里称为"作品展示室"的，其实只是形状朴素

渡边夫妇与长辈同住，这是一套最普通常见的街道住宅。
他们有时也在小院里干活，经常引来好奇的目光。

的铁架和木柜上，有序又协调地摆放着两个人的作品，但仍让我心生错觉，仿佛走入了一间正在举办"渡边辽、须田贵世子作品展"的小小艺廊。在这个房间里，两人为我讲解了以往的作品，和正在着手进行的工作。

之后，他们又带着我稍微参观了楼下的八叠[1]间，即须田女士的工作间，接着我们走出门外，参观了由车库改装的渡边工作室，和渡边先生自己动手搭建的须田工作室。

先来说说渡边工作室。

从狭窄入口走进房间，右手窗前，是一个存在感十足的铁板大平台。穿过磨砂玻璃射入室内的自然光，柔和地照亮了大平台和整个工作间。这里原本只是座简单的车库，窗户也只是廉价铝合金门窗上镶嵌着薄玻璃（不是坏话，请不要生气！），为什么看上去却像是一处充满了静谧得有些神圣的光芒的空间呢？刚踏入这工作室，我就瞠目结舌，不由自主地静立了很久。出于建筑师的职业本能，我做了各种推测：因为窗户位置恰到好处？铁板起到了反射光线的作用？但这些推测都没能彻底说服我。我知道会有人嘲笑"你说得太夸张了吧！"，但我依旧想说，我在这里，感受到了与位于法国蒙马特高地的贾科梅蒂[2]工作室同质的空气密度。换句话说，是创造者的心境意志升华为空气，充溢在了密室般的工作间里。

"车库中也能诞生艺术！"正是如此。

几分钟之后，仿佛静立的咒语被解开了，我开始四处打量。工

---

1 叠：日本房间面积计算单位。一叠即一块标准榻榻米垫子的面积，约 1.62 平方米。

2 阿尔伯托·贾科梅蒂（Alberto Giacometti，1901—1966）：瑞士雕塑家、画家。作品以表现人类的恐惧和孤独感而闻名。

1

2

1 渡边亲手为须田女士搭建的工作间。朝
  南开了四扇窗户，满室温暖阳光。
2 怎么看，都是一间简易车库。这就是渡
  边日夜埋头工作的工作室。

渡边的工作间。阳光穿过磨砂玻璃，在房间里充盈扩散开来，柔和而明亮。

1

2

1 渡边正在敲击铁板。"咚咚咚咚咚咚，咚！"，充满节奏感。

2 看到整齐排列的木槌和铁锤，不禁想问："真的要用到这么多种吗？"

作台下，是一排各种尺寸的木槌和铁锤。再环视整个工作间，发现众多已被用熟的工具听话地各就各位，静候登场的机会。

摄影师问："能不能拍几张你们的工作场景？"渡边先生闻声立刻以牛仔拔枪的速度操起一柄木槌，为我们演示了叩击铁板的工序。

咚咚咚咚咚咚，咚！咚咚咚咚咚咚，咚！伴随着统一节奏的叩击声，一毫米厚的铁板边缘渐渐弯成一个优美曲面，叩击片刻后，渡边先生停下手，面带忧色地告诉我们："周围邻居嫌太吵了，为此提过意见呢。"

接下来，是须田女士的工作间。工作间见缝插针似地建在主屋和邻居分界线之间的窄地上，这间木板房是渡边先生自己搭建起来的。拉开推拉门，室内比预想的明亮很多，或许因为是女性的工作间？总之气氛也敞亮明快。这里也一样，不计其数的大小道具分门别类打理得清爽整齐。应摄影师的要求，须田女士也当场演示了在扁平铜铎上叩击出纹样的工序。她使用的是一个拇指粗细的小巧铁锤，声音也小——叮，叮，叮，叮，叮，叮。这么小的声音，想来不用太担心邻居有牢骚。

刚才我提到主屋里也有一间须田女士的工作间，于是我们返回主屋，重新参观了这个房间。

这里原本是铺着八张榻榻米垫的和式房间，现在直接在榻榻米上铺了薄木板。落地的纸门那里是须田的工作角。看着她安安静静坐在那里的样子，我说"就像一个旧时代在私塾读书的孩子"，她也笑着回答："对对，就是私塾。"她的工作是细巧活儿，让我想起了过去女性们干的补贴家用的手工活儿。虽然这一想法可能相当失礼，我还是偷偷在脑海里描绘了一番须田女士头上蒙着汗巾，带着

1

2

1 和式房间的榻榻米上直接铺了薄木板。
须田静守一角，正在工作。普通人家里
摆放书画和插花的壁龛处，他们却放了
一辆摩托车，多么有意思。

2 通过小型铁锤敲击凿子，一个状若迷你
铜铎的金属作品的表面渐渐呈现出精细
纹样。

黑色袖套干活的画面。

对了，这个房间有一处特别值得提一下。

读者们看过照片便会一目了然：竟然有一辆本田的迷你摩托坐镇壁龛处的桐木柜前！对，就是那款有名的"Monkey"[1]。眼前此景，在我看来有些魔幻，但渡边先生坦然解释说，他从小就喜欢吉普车和摩托，大学毕业后曾在制作摩托车零部件的工厂干过一段时间，这台Monkey对他来说可谓一种做东西的教材。这么说来，确实解释得通。

渡边先生说，铁是一种非常有意思的原材料，尽管廉价而常见，但只要用心加工，就能呈现出意想不到的魅力。须田女士则说，铜这种素材，魅力难以言喻。看过这两位年轻艺术家生机勃勃的制作现场，我也受到了鼓舞。这是一次有意义的走访，让我获得了力量。

1　Monkey："本田猴子"，是日本本田公司生产的一个微型摩托车系列。从1967年正式发行到2017年宣告停产，该系列无论在外观设计还是动力性能方面，始终备受欢迎，成为经典。

1

1　渡边先生的作品整齐地摆放在手工制作的铁架上。

2　扁平的是铁质品，粗重看似石器的是铜铸品。

3　须田女士铸造的铜器。制造金属物品需要大空间，这些是在千叶的工厂里加工制作的。

2

3

听须田老师讲授青铜铸法。

　　　　　　　　　　　　生活艺术家的手作私宅

后 记

我在前面说到，当摄影师请渡边先生演示叩击铁板后，渡边面带忧色，说"邻居嫌太吵了"，那之后，邻居的牢骚不减反增，在我采访结束后的第二年（2014 年），渡边和须田两人终于把家搬到了长野县伊那谷，买下一座原是肥料仓库的建筑，改造成了住宅和工作室。

渡边先生在博客中，时常提到个人作品展的信息和生活近况。我偶然点开"搬家"的大条目，才知道他们买下了一座约 165 平方米的宽敞仓库，做了拆除墙壁等大型改建。虽然有专业建筑工人帮忙，但几乎一半工作是渡边先生亲力而为，让旧屋渐渐有了新模样。他家原本住在大宫市，大宫地处东京近郊，无论从哪个角度看都是一个生活便利之地。而长野县的伊那谷，需要辗转换乘各路电车，即使掐算好换乘时间，去东京最短也需要四个多小时，想必这次移居他们是下了大决心的。虽然交通不算方便，如今的新住宅宽宽敞敞，周围是让人心情放松的大自然，他们可以随心所欲地"咚咚咚咚咚咚，咚！"了，这种能专心工作的环境，比什么都好。

渡边先生在博客上放了一张背景是白雪皑皑的中央阿尔卑斯群山的房屋照片，配词是"一想到我终于在这里安了家，心情就好得不得了"。看后，连我也像亲朋好友一样，由衷地替他高兴。

前几天，我和渡边先生通电话，得知他女儿在我拜访后不久诞生，如今已经四岁。他说小女儿活泼又顽皮，"每天从幼稚园回到家里，就叽叽喳喳个没完"。他的声音没有变，依旧是那沉稳的低音。

小院一角放着一辆独轮车，
猛一看还以为是仲田先生的装置作品

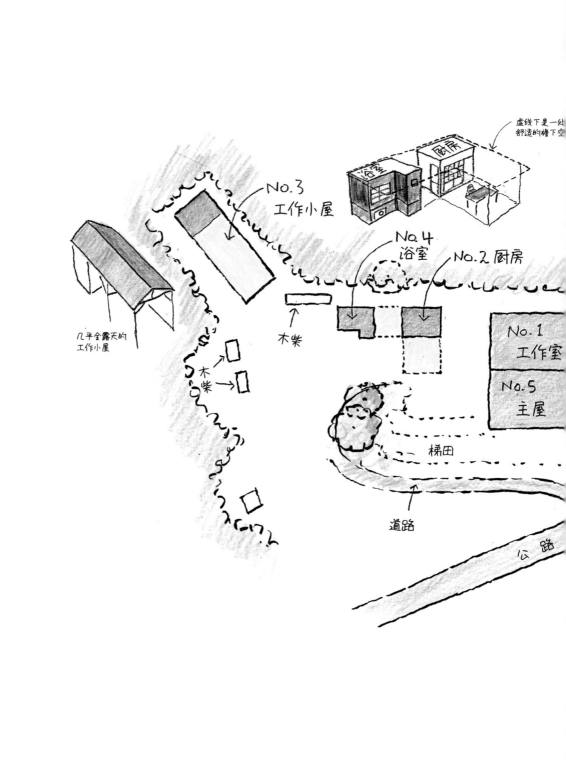

No.3 工作小屋

虚线下是一处
舒适的檐下空间

No.4 浴室

No.2 厨房

几乎全露天的
工作小屋

木柴

木柴

No.1 工作室

No.5 主屋

梯田

道路

公路

仲田智

我仿佛看见深檐下的空间
正微笑着招手呼唤："快过来，到这里来！"

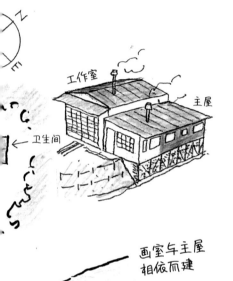

工作室

主屋

卫生间 ←

画室与主屋
相依而建

仲田智先生的
住宅配置图

 房屋

半室外空间

画家仲田智的家兼画室几乎全是他一手搭建的。这事儿相当有名，我早就断断续续地从朋友和熟人那里听说了不少。

其中一位经常企划有意思的展览的艺廊主人——土器典美向我推荐了仲田先生，称他是个很精彩的艺术家，一定要去他家看看，并给了我联系地址。而我也正好在杂志上看过介绍仲田先生的生活和工作的文章，里面的仲田先生就像一个徒手打造生活的荒野开拓者，让我满心好奇。

就这样，仲田先生对亲手建造居所这件事的非凡热情，在我心中留下了"罕见的具有筑巢本能的人"的印象。

我去参观的那天，仲田先生开车去最近的车站——常陆大宫车站接我。这是我们初次见面，他给我留下了"沉着稳重"的第一印象。也许因为消瘦，剃着寸头，他隐约还保留着一些少年气质，让我暗想，这个人可能和小时候一样，没怎么变化过。

从车站开回他家的路上，他给我讲述了当年从东京搬来这里的经过。据他说，因为父母住在茨城县那珂市，他找新居时，决定要找一个离父母家近、去东京也方便的地方，于是着重留意了高速公路交叉口附近的地址，但没能找到既合心意又合预算的房子，一路寻下去，离父母家越来越远，最后看中了现在这块远离村落的山林。

车开了没多久，就从主路拐上山道，周围人家愈行愈少，再往深处，便到了从野山林中开辟而出的仲田家。

房屋四周是杂木山林，土地分界线并不清晰，只知道他买下的这块土地，大约700坪。他砍倒树木，用推土机整平山坡斜面，整理出一块能盖房子的平地，慢慢开始搭建。不用说，这块荒地上原本没有拉电线，更没有铺水管，所以在搭建初期，他过着"钻睡袋睡觉，去山脚下打水，烧木柴做饭"的生活。用"开拓者"来形容再合适不过。

从开拓初期到现在的样子，据说一共经历了五个阶段。

他的方式不是一次性全部盖好，而是先住下来，慢慢花时间，用合自己心意的手法一间一间地盖起来。有些工程步骤需要专业人员帮忙，但总体来说，这些都是他一手建造起来的。

在此罗列一下搭建过程，供读者们参考。

第一阶段：最先盖好的是一间钢筋铁皮小屋，这是最初的住所兼画室。两年半后，在地界内挖了水井，终于确保了生活用水（遗憾的是，不能直接饮用）。

第二阶段：将原本在铁皮小屋中的厨房移到另一座小屋里，这便是现在的厨房。

第三阶段：在西北角搭建了一座用来做焊接的工作间。

第四阶段：焊接工作间建成后，又盖了一间专作浴室的小屋，并从附近的温泉设施处引来水源，这才终于有了自家浴室。

第五阶段：各种忙碌中，长子安里君出生了，生活起居处和画室需要分开，于是他毗邻铁皮小屋搭建了现在的主屋。

深出檐下面，是一个看上去就知道很舒服的空间，左侧的
木板墙壁小屋是浴室，前面是厨房，正面的建筑是画室和
主屋。

如此回顾过程，就会发现仲田先生一刻没有停息，建造了一间又一间用途和功能不同的小屋。据他说，现阶段他正在考虑把厨房移到主屋前的半露天阳台上，已经着手动工了。

我用建筑师的眼光打量这组建筑，感到有趣的地方是，每当仲田家需要一个新空间时，他会另外新建一座小屋（只有第五阶段的主屋是直接与铁皮小屋相连而建，属于例外）。其次，每座房子外面都有深出檐，这样一来，各个小屋之间的空隙由出檐相连，形成了连通一体的檐下空间。并且，这个檐下空间非常宽敞，并不是简单的"淋不到雨"即可，而是有相当的进深，宽幅上一点儿也不敷衍了事。让我觉得，这个看上去相当舒适的檐下空间，几乎可以称为"屋外的房间"。比如我站开几步，从远处观望厨房小屋时，仿佛看见深檐下的空间正微笑着招手呼唤："快过来，到这里来！"

一眼看去便知道，厨房外的檐下空间，以及厨房和浴室间的檐下空当，皆在实用性上起了关键作用。这几处檐下空间，仿佛一种卯榫，从心理上连接起了这块土地上分散而建的几座房屋。这一手法，也许就是这组分栋式建筑配置最可圈可点之处。

我现在写的，都是我抵达后下车简单转了一圈的率直感受。接下来，我想用"分栋式"写法，随意记下我对各个小屋的观感和想法。

先来说说第五阶段的主屋。这间热情地招呼我"外面多冷啊，进屋说话吧"的主屋，是这块土地上最新完工的建筑。主屋连接着最初的铁皮小屋，半挑空地建造在面向东南的斜面上。主屋外面，有一处半屋外的阳台，现在正准备变身厨房。大门用铁板拼贴而成，仿佛仲田先生的一件充满艺术魅力的作品。通往阳台的平开门，是古旧建材再次利用。主屋里点着柴火炉，房间里充满了大型暖气所

1

1　照片上可以看到一组由檐下空间串联在一起的小屋，这是仲田先生的特有手法。
2　远离村落的树林中散落着一组房屋，整体弥漫着荒地开拓者的气息。
3　起居室的门。用上漆的铁板经风化后拼贴而成，也是仲田先生的作品。

2

3

主屋的起居室。台阶上象征性地放了一台缝纫机。旧式风格的铁窗框和老的建材经过利用后，毫无违和感。

生活艺术家的手作私宅

最新建成的主屋。建在斜面上的干栏下部用来放木柴。上白漆的部分将用作厨房。

特有的令人放松的舒适温热。木地板，白色墙壁，样式简单的桌椅，白布包起的沙发，房间中央一台仿佛标志性摆设的脚踏缝纫机……整座屋子里没有一样阻碍视线的东西，用"简素"和"静谧"来形容再合适不过。白色墙壁上镶嵌着旧式风格的铁窗框，让人心生感慨：仲田先生喜欢旧物的眼光始终如一地表现在各个细节里。我的视线偶然停留在墙上挂着的三幅绘画上，问道："这是你什么时候的作品？"得到的回答却是："啊，这是孩子画的。"此刻，画的作者安里小朋友正舒舒服服地在沙发上打滚儿。

接下来说说厨房。如果是热爱厨艺的人，只要伸头窥看一眼这间厨房，就会由衷地发出一声感叹。那种最新式厨房追求合理性和功能性所带来的冷冰冰的氛围，那种惧怕弄脏的摆设感，在这里啊，找不到分毫！这里的不锈钢水池，一看就知是纯粹为实用而造。不追求设计感的简单炉灶，精心挑选的确保功能性之下尺寸最小的锅具，用来放置餐具的老式办公室的金属柜。这些搭配在一起，足以诱惑人站到厨房里小试身手。哎呀不对，是摄影师的心先被诱惑了。刚才我提到，记录了仲田先生生活状态的那本让我动心的杂志封面，拍的便是这间厨房。对了，这间厨房的房梁和柱子等构件用的都是完整圆木，这是最打动我的地方。房间四角和天花板上，都能看到涂着白漆的圆木，让这间厨房显得明亮而温柔，感觉特别棒。

再顺便提一下厨房旁的浴室小屋。厨房和浴室之间，也形成了一个檐下空间。听仲田先生的口气，这间浴室可是他的得意之作。烧柴薪加热的五右卫门式的浴缸（就像一个深铁锅）所必备的烟道，也是他照着工匠学做的。浴室内的墙壁和贴砖是干净的白色，看起来非常舒适。

厨房一角。精心挑选的厨房用具和老式办公室的金属柜搭配在一起，竟显得非常融洽。

最后介绍一下工程第一阶段的铁皮小屋。它是仲田先生的工作间，顶棚很高，地板、墙壁和天花板涂着白漆。墙壁上挂着他的众多作品，尚未完成的，则摆放在工作台和书桌上。还有众多上好颜色的片段，想必今后要添加进作品里。数不清的绘画用具、书籍和资料，在房间里"优美地散乱着"。不可思议的是，画室里虽然泛滥着无数色彩和器物，却丝毫没有吵闹烦躁之感。出现在这里的红、绿、黄、蓝，都极其浓烈，想来仲田先生是配色高手，将这些接近原色的鲜艳色彩驾驭得服服帖帖。站在画室里打量四周，仿佛置身在一个完整的空间艺术作品里。

参观过一遍后，坐下来休息时，我问他："用自己的力气干木匠活儿，一定很开心吧？"他马上笑着回答："别提多好玩了！"

就这样，仲田先生在这块土地上随心所欲地发挥着"筑巢本能"，今后还会增添哪些小屋，整块土地会变成一个什么样的乌托邦，对于种种变化和发展，我心里充满了期待。

1

2

1 从阁楼俯览仲田先生的画室。工作的热意
洋溢在空气里。散落在地板上的颜料仿佛
杰克逊·波洛克[1]的作品。

2 画室一角。工作台上堆着上好色的片段、
装置,它们都是作品的一部分。

---

1 杰克逊·波洛克(Jackson Pollock,1912—1956):美国抽象艺术家,以颜料看似随意泼
洒的独创"滴画"而闻名。——编注

在自己的作品前

跟我聊创作过程的仲田先生。

生活艺术家的手作私宅

后　记

　　我在京都做一个旧民居改建旅馆的工程时，在工地附近发现了一个销售欧洲旧货的小商店。

　　我是那种只要看到旧书店和旧物店就绝对会进去一看的人，发现这间小店时，就像被一股磁力吸过去了一样，不由自主踏进店内。店里墙边放着一个存在感十足的铁柜，高 1.2 米、宽 1.6 米，进深约 50 厘米，美国制造，苔绿色漆面上有着恰到好处的锈斑。铁柜上分布着大小不一的抽屉，数一数约有六十个，有点像东方的药柜，只是铁制的，尺寸也大一圈。一副结实耐用的样子，显得无比可靠。让我不由得胡乱猜想，这也许是美国农村杂货铺或者修车厂里用过的旧物。

　　当时，我家庭院里刚好在搭建一个储物小屋，为此，我四处寻找能分门别类放置各种木匠工具的架子。看到这个铁柜时，顿时想："要不要买？"仰头看了一会儿天花板，拿定主意：算了。为什么没买？首先，买来我也不能物尽其用；其次，运输费用想必相当可观。另外，那一刻我眼前浮现出了仲田先生的脸和他的画室。

　　我采访过仲田先生的生活工作状态之后，不知为什么，每当看到颇有年头的铁质家具，或五六十年前建造的楼房和学校的铁窗时，总是会联想起他。

　　我曾想过要不要给他打个电话，告诉他我在京都发现了一个很不错的铁柜，但这个念头最终也打消了。因为他原本就醉心沉迷于旧铁家具，我不能给他"醉上添乱"呀。

汽笛

红色把手

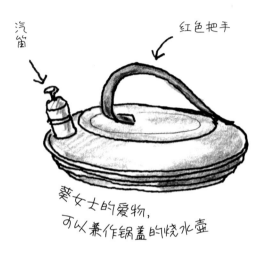

葵女士的爱物，
可以兼作锅盖的烧水壶

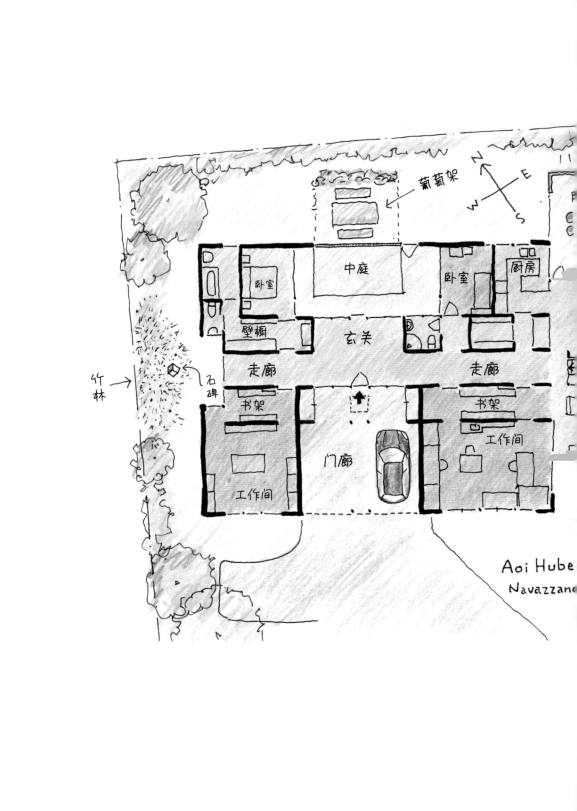

葡萄架

N
E
W
S

中庭

卧室

厨房

卧室

壁橱

玄关

走廊

走廊

竹林

石碑

书架

书架

工作间

门廊

工作间

Aoi Hube
Navazzan

对面是宽敞的
庭院和菜地 →

日常生活区

走廊

工作区

葵·胡珀

家中到处可见鲜明的色彩与和谐的配色。

我在二十八九岁到三十五岁之间，曾在一家设计事务所工作。当时三层楼的事务所里，顶层有一间员工餐厅兼厨房，朝南，阳光充足，临窗安置了舒服的沙发。更叫人高兴的是，沙发旁的书架上摆满了每月寄来的外国建筑杂志和过往月刊。每天午饭后坐在沙发上看旧杂志是我刚进公司时的一大乐趣。

　　那时我喜欢看的，是意大利出版的室内设计杂志《家》（*Aibtare*）。某次我漫无目的地翻阅杂志，忽然被其中一页吸引了。那篇文章介绍了由瑞士古民居改造的舒适宅邸。通过照片配文，得知那是活跃在米兰的知名平面设计师马科斯·胡珀和他的日本太太——插画师葵·胡珀的住宅兼工作室。

　　他们二人的住宅保留了古民居原有的基本构造和房间配置。从照片上也可以看出，旧屋的气势与氛围犹在，改造后的宅邸最大限度地发挥了古民居的空间感。古民居有常见的弊病，比如光线阴暗、流线配置不够好，等等，但只要屋主有良好品位和灵动的生活能力，也能将弊病彻底转化成魅力。而且，我很欣赏的一点是，宅邸里看不出大规模施工的痕迹。

　　在设计事务所工作的四年间，我多次浏览过那一页，且看得多了，内心也越发灼热焦急：多想亲眼瞧瞧啊，如果有机会，能去拜访一下两位屋主该有多好。

1981 年，我从设计事务所辞职独立出来，从一位与胡珀夫妇有密切来往的建筑师那里问到联系地址，不抱任何希望地给两人写信，表达了想去拜访参观的想法。万般想不到，仅仅隔了一星期，我就收到了葵女士回信，她说热烈期待我去做客，且表示既然有此机会，也欢迎我留宿。收到这样的好消息后，我紧抱着信，踏上了去欧洲的旅途。我还记得那天是 3 月 26 日，阳光和煦的早春午后，我抵达了两位所在的瑞士南部的桑诺村。位于山腰处的桑诺村虽然归属于瑞士，但开车二十分钟便可抵达意大利国境线，米兰也在通勤圈内。尽管地理位置方便，但村落周围依旧是传统的瑞士乡村景色。

　　和我想象的一样，两人的房子完美地融入阳光灿烂的小村里。这座用古民居改造而来的住宅，远比杂志上呈现的更精彩。无论是马科斯的平面设计，还是葵女士的绘画和插图，都具有鲜明的色彩，配色协调又潇洒。两人的作品四散于房间各处，为屋子增添了节日般明快热闹的气氛。同时，各种新旧家具用品和色彩斑斓的日用杂货，仿佛和上了作品的声调，共同演奏出了和谐旋律。

　　后来过了十年，两位从山腰处搬到平地上，新建了一座平房。也许这是因为桑诺村多坡路和台阶，旧屋也需要上台阶，对马科斯来说有些吃力。那时，葵女士曾对我说："我们打算盖一座住宅兼工作室，想请你来设计。"我很感激她的信任，可惜瑞士的建筑法规繁琐，加上我还需要拿到瑞士的建筑师资格才能胜任，最终只有遗憾地放弃。

　　那之后的一段时间里，我没有机会去瑞士拜访他们，倒是他们

1

1　1983 年 8 月，第二次造访桑诺村时所拍的胡珀夫妇的
　　住宅。建在面向意大利方向的倾斜坡面上。

2　1983 年 8 月，我们在葡萄棚下享用午餐。穿红色上衣
　　的是马科斯·胡珀先生，条纹上衣的是葵女士。前方左
　　手边是我太太，右边是一位友人。

2

回日本时曾来我家做客。此外，我们一直有书信往来，友情常在。在两人的新居竣工半年之后，马科斯去世了，享年七十三岁。

他在无障碍设计的宽敞新屋里没能多住些日子，想来，他心中也一定充满了遗憾。

宽敞舒适的工作室失去了主人。

话归正题，这次我要访问的，是葵·胡珀女士的住宅兼工作室。我于1994年来过这里，之后又多次打扰。而这一次的仲夏之旅，有我妻子与友人陪伴同行。我们从米兰车站乘坐高速巴士，在基亚索车站下车，葵女士开着她的标志性红色私家车来接我们。到达时正逢午饭时间，我们在餐馆里举杯，庆祝时隔两年后的老友再会。久未见面的葵女士状态颇佳，举手投足、说话方式以及愉快的笑声都和从前一样。我脑海里浮现出三十几年前我们初次见面时她少女般的笑脸，有那么一瞬间，往昔和当下叠合在了一起。

葵女士现住在基亚索郊外，四周新居在渐渐增多，依然保留着田园风光，可以望见连绵的葡萄田。她家住在坡下，沿着徐徐下行的私家道路走了没多远，就看到一座白色外墙的平顶建筑，一只很听主人话的狗跑过来迎接我们。也许因为是单层建筑，平房看上去非常简洁秀美，毫无张扬之态。玄关前可以泊两辆车的车位上方覆盖着大平顶，在雨雪天气里搬运大型作品时，想必能起到大作用。一般而言，如果平顶面积过大，下方的空间容易采光不足而显得阴暗，葵女士特地请设计师在平顶上开了取光的天窗。除此之外，这座建筑里还有很多类似的细节，自然而然地出现在有需求的地方，实用又低调。我只在这里住了几夜，或许还有更多的设计巧思，尚未被我发现。

　　　　　　　　　生活艺术家的手作私宅

平顶白墙的建筑显出安静的气质。

这种实用而低调的气质，从房屋配置上也能感受得到。这座建筑无须铺开平面图来解释，布局非常简单明快，无论谁，只要参观过一圈后便能画出简单的平面图。这份简单也正是这座建筑的特征和看点。"简单明快"几个字也能用来形容构造和施工手法，或者说，正是简单明快的构造和施工手法决定了建筑的气质。整座房子配置得大方周正，显得特别通风透气。

房子的中轴，是刚进玄关就马上遇到的向左右延伸开的宽敞走廊。走廊宽约一米八，墙壁上装饰着各种作品，起到了艺廊展示厅的作用，人在其中，就像在一家小型美术馆里观赏作品。走廊正中连通着玄关，让后者看上去像一个宽敞小厅，厅外连接着一处中庭，视野豁朗开阔。

我想请读者看着平面图，想象一下明快的房间配置。特别值得一提的是，这座房子的设计很周正，充满秩序感，而葵女士以自身的品位，真正住出了自己的风格。虽然我说的是"葵女士的品位"，但能从这个家中明确感到马科斯的气息，虽然看不到他的身影，但能明白，他一直存在于屋中每一处的气息里。

我在前文提过，无论是马科斯的平面设计还是葵女士的绘画和插图，都色彩鲜明，配色协调而潇洒，确实，在这座房子里，到处可见鲜明色彩和绝妙配色。无论是钉在墙壁上的便笺纸，还是书桌上的绘画用品和文具（就连普通市售纸巾盒的图案都搭配得恰到好处），看上去都仿佛一件艺术作品。不仅是工作道具，屋中所有的照明灯具、厨房用品、各种日常生活用品、座椅布面、毛巾和床品等，颜色和形状都经过精挑细选。她只买美物。这些美物随意而巧妙地配置在家中各个关键位置上，让整个房子升华成了一件作品。

1994 年我初次拜访她家时，觉得房子中原封不动地注入并保

1

2

1　将整栋建筑东西连通的走廊，做成了装
　　饰作品的展示区。正对面的竹林里，设
　　立了石碑。
2　竹林的中庭里，有一座斜放的立方体的
　　石碑，是马科斯·胡珀先生的墓。

眼前是餐厅。通向半地下间的楼梯另一头是起居室，用
到了设计师友人阿切勒·卡斯蒂格利奥尼[1]的家具和照明
灯具。

---

1 阿切勒·卡斯蒂格利奥尼（Achille Castiglioni, 1918—2002）：意大利设计大师，建筑专
  业出身，设计了众多家居产品，流行至今的"钓鱼灯"便是他的代表作之一。"设计需
  要观察"是他的座右铭。——编注

进玄关后，右手边就是朝南的宽敞工作间。身处于这一空间，仿佛浸润在"色彩"之名的"音乐"里。

生活艺术家的手作私宅

工作室的桌子上，各种色彩的画材、文房用具井然有序地
排列，很美。这张桌子本身也成为了葵女士的作品。

留了桑诺村普通民居的田园气氛。这一次，我也强烈地感到了这一点。即使从传统乡村民居变成现代建筑，其中的生活也未曾变过，依旧装满了主人深爱的用具，他们在里面愉快地工作，感受着日常的生活情趣和生机。

　　葵女士的家，可谓"生活和工作完美地融为一体"的佳例，是出自艺术家之手的生活艺术作品——如果我这样下结论，也许能把充满在这座住宅兼工作室里的明亮开朗气氛，传达给读者少许？

工作室的一角，让人出神。

在附近的意大利餐厅享用午餐的间隙。

葵女士还设计了这家餐厅的菜单。

生活艺术家的手作私宅

后　记

　　葵女士和马科斯·胡珀先生居住在瑞士南部桑诺村时，与我有书信往来。瑞士邮政系统效率异常高，葵女士一封航空邮件寄到我手上，只需要三天时间。那时我住在横滨市日吉，想象一下横滨和瑞士山间小村的实际距离，就会明白信件送达速度快得惊人，再与瑞士的邻居——意大利的邮递速度相比，简直天上地下。举个实际例子，一封从佛罗伦萨发出的明信片，一个半月后才寄达友人手上。更不要说有些信件途中还会寄丢。所以这种三天寄达，只能用"奇迹"和"神速"来形容。

　　更令我惊讶的是，葵女士的地址极其简单：6831 Sangno Suisse。如果换作日本乡间的偏僻小村，那邮政地址就会非常长，比如"某某国 某某县某某郡 某某村大字偏僻 字不详"[1]。

　　葵女士很喜欢写信，给我寄过大量书信、明信片和小包裹。信封上清楚的字体配着颜色漂亮的邮票，就像一幅绘画小品。我经常在收到之后，赞叹地爱不释手。

　　几年前，我在北京有三百年历史的文房四宝店"荣宝斋"买到一种带着朱红横线的木版印刷便笺，送给了葵女士。不到一周时间，我就收到了她用这种美丽便笺书写的致谢回信。看来，瑞士邮政系统的高效率至今犹在。

1　这里的"大字""字"乃日本的行政区划单位，"大字"与"町"同属第三级，"字"（又作"小字"）则属第四级。——编注

上田先生
自制的石锤

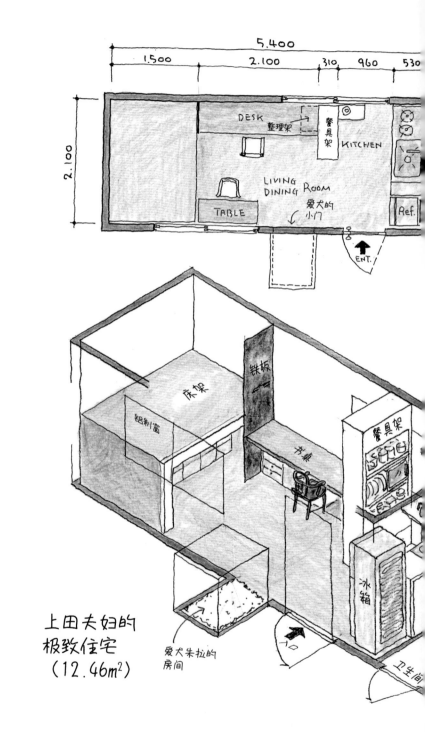

5.400

1.500   2.100   310   960   530

2.100

DESK
整理架
餐具架
KITCHEN

LIVING
DINING ROOM

爱犬的
小门

TABLE

Ref.

上
ENT.

铁板

床架

铝制窗

书桌

餐具架

冰箱

上田夫妇的
极致住宅
（12.46m²）

爱犬朱拉的
房间

门

卫生间

上田快、上田亚矢子

或许可以这么说，艺术家的住宅，
就是他们生活的姿态和想塑造的世界。

上田夫妻二人都是石雕艺术家，他们的住宅和工作室位于山梨县北杜市。

两个月前，我致电咨询采访的事，电话那端，亚矢子用略带惊讶的口气回答："啊？我家？我家还没成型，不能确定什么时候才能弄好。"其实，我是有意为之。因为早有熟识他们的友人告诉我，"两位的住宅和生活方式很不俗气"，所以我想借采访的由头，亲眼看看他们不俗的生活。如果是建筑师的住宅，只有竣工完成后才能看出其中的精彩；艺术家的房子则不同，即使在建设中，也有不少看点和值得学习之处——这是我通过本书一系列采访所体悟到的。

对于建筑师，住宅本身是一个作品；对于艺术家，住宅则不仅是作品，还是他们生活姿态的具象呈现。

我的拜访很是唐突贸然，但他们大度而热情地欢迎了我。对于他们的创作，过去我只是耳闻办展讯息，这次终于能亲眼得见作品。

进入正题，让我为读者介绍一下上田夫妇身上独特的气质风貌。

首先，他们的共同之处，在于安稳的表情、舒缓的语调和文静的举止姿态。可以说是一对"气味相投"的夫妇，用"关系融洽的兄妹"形容也不为过。在我看来，两人最相似的地方，是他们身上都有一种远离浮世、不受世俗成见束缚的"自由自在"。我们聊着天，在话语中能感到，两人体内潜藏着坚定不可动摇的硬骨。

生活艺术家的手作私宅

以上的介绍稍显冗长了，总之，他们的性格明确无疑地展现在住宅和工作室上。我对两人印象的描述，能帮助大家理解下文。

　　从 JR 长坂车站下车后换乘汽车，一路经过农田和一片片树林，在乡村小路上开十五分钟，就到了上田夫妇家。这里果真"远离浮世"。看来他们的土地是从林地开拓出来的（但看不出明确的地界分界线）。整片土地是一块徐缓土坡，幽深的树林前方，一座房子刚刚有了钢筋柱梁的大体构架。还有一座酷似汽车修配厂的约两层高的建筑，一座集装箱式的小屋，以及一座临时工棚式的小屋。几处建筑或分散，或相连，各自的构造和材料都不同，外观表情也不一样，看上去随心所欲，充满了朗朗大方的"自由自在感"。

　　我首先参观的是酷似汽车修配厂的工作室中的小房间。这里放置着石雕工具和书籍，也可做一些书写工作。入口很窄，进入时需要低头缩肩，而一旦进来，便会惊奇地发现，里面是一个高大敞亮的纯白空间，竟别有洞天。

　　准确来说，这是一个静谧甚至让人感到神圣的房间。面向树林的墙上开着长方形窗户，窗前是木桌，木桌背后的墙面上，是上田先生自制的通往阁楼的锯齿形台阶。房间角落里，放置着一个造型简单、带着小玻璃窗的圆筒形暖炉。老实说，走进房间时我正和上田先生说着话，踏进房间的瞬间，我立刻闭上了嘴，纠正了站姿。是房间里独特的气息促使我这么做的。紧接着浮现在我脑海里的词汇是"礼拜堂"。是的，也只有这三个字，才能形容房间的独特氛围。然后我意识到，这也许就是两位建造这一房间的本意。之所以这么说，是因为我刚提到的面向树林的窗户是上下两段式，中间的隔断横线和窗框竖线正好组成一个"十字架"。通过十字架窗眺望

树林间一座铁皮屋顶、钢筋构建的建筑。里面一部分有围
墙，用作书房和工作间。

着树林，我不由得想起位于芬兰奥塔涅米、由希伦夫妇（Heikki & Kaija Siren）设计的著名的"森林小教堂"[1]。正当我发愣时，上田先生为我讲述了制作锯齿台阶时遇到的种种困难，听他这么说，我为他讲解了既能保证强度、工序又简单的制作办法。谈论着台阶时，我突然豁然开朗，不由得拍了一下大腿："原来是这样！"没错，这座房间令我想起的不仅仅是希伦夫妇，还有一位著名人物。

敏锐的读者一定早就猜到了，对，我想起了路易斯·巴拉甘[2]的宅邸。其实我并没有向上田夫妇询问过详细情况，我写的都是主观臆测，在我看来，这个房间是上田夫妇对巴拉甘的遥远致敬。

接下来参观的是上田先生制作大型石雕的工作室。这是一处半室外的工棚，用来敲击和削磨石材。工棚由坚固牢靠的钢筋搭出主要结构，覆盖着锯齿线形的铁皮屋顶和同型的聚碳酸酯半透明板，这样一来，即使是阴雨天，也保证了足够的光亮，不需要开灯。冬季严寒或暴风雨雪时，四周能拉下大型卷帘门来防避坏天气。上田夫妇看起来对电动卷帘门颇感得意，亚矢子特地强调"是自动的呢！"，并给我实际演示了一番。

说起得意之处，上田先生自豪地给我看了一把他亲手制作的石锤，并热烈讲述了石锤的优点。他一边说一边抚摸着石锤，笑容满面，那样子与其说是雕刻家，不如说更像一位石匠。

1　由希伦夫妇设计的这座礼拜堂位于阿尔托大学奥塔涅米校区，坐落在校区内的一座小山丘上。礼拜堂的讲坛背靠整面的玻璃落地窗，窗外耸立着一座白色十字架，与周边的树林融为一体。——编注

2　路易斯·巴拉甘（Luis Barragán，1902—1988）：20世纪最重要的墨西哥建筑师之一，第二届普利兹克奖得主。他的自宅作品外观平淡，内里却大有文章，入口、楼梯皆有讲究，房间内的落地窗即装饰有十字架窗框。——编注

挺立在绿树背景中的白色"十字架"。虽说不过是朴素的
铝制窗，却意味深长，让我联想起希伦夫妇设计的"森林
小教堂"和路易斯·巴拉甘的自宅。

约两层高的工作室，大型电动门是上田夫妇花重金设置的
颇为自豪的细节。左侧只露出一隅的房间，是亚矢子制作
石雕小品的工作间。

生活艺术家的手作私宅

之所以有十字架窗的房间令我联想起路易斯·巴拉甘，是因为这里有一个巴拉甘样式的台阶。

两位的住宅在工棚对面，原本是一座通常被当作临时工棚的轻型简便屋，外观像一个长方形盒子，只要装在卡车上运过来，用吊车放到既定位置上，便能直接入住，简单至极。

小屋长约 5.4 米，宽 2.1 米，高 2.2 米，此外还附带宽 0.95 米、长 1.4 米的厕所。总面积约为 13 平方米，比八叠间略小。这个空间里装着上田夫妇日常生活需要的所有东西。厨房尤其值得一提，形状简素的餐具以及旧得恰到好处的炖锅和平底锅，巧妙地利用了有限的收纳空间，视觉上让人心旷神怡。

我想，这座房屋不只是具有最小限度功能的住宅，更可谓一种"极致的住宅"。若想在有限的面积里安置日常生活的所有要素，难免东西多到溢出，转不过身子。但我站在房间四下观望，发现一切井然有序，并不局促，显然很舒适，真是不可思议。我惊讶于这个空间的面积之小，也为两人反手巧妙利用有限空间的本领所折服，更让我感佩的是，两人的住宅正应了"在哪里吃，在哪里睡，哪里就是家"这句古话，体现了人类住宅的实质。这间小屋与鸭长明的方丈小庵、亨利·梭罗的瓦尔登湖畔小木屋、柯布西耶的"度假之家"等古今东西的著名小屋相比也毫不逊色——岂止不逊色，简直可以一决胜负。我内心感慨，在房间里静立了很久。

最后要说的建筑尚在施工中，刚有了钢筋柱梁和大体结构。这座建筑竣工之后，将成为主屋，但现在仅一部分建有围墙，被上田先生用作书房兼工作间。这里也和最初参观的房间一样，气氛静谧，犹如礼拜堂。高顶棚上开了两扇天窗，柔和的阳光倾泻而下，照亮书架和占据了整面墙的工作台。我在书架边上看到一个大提琴盒，

生活艺术家的手作私宅

1　生活间里的样子。最里面是储物式床架，台面上铺着
　　被褥。真像我小时候会钻进去玩的壁橱啊。

2　厨房一角。自制的白色餐具架上，整齐地收纳着样式
　　简素的碗碟和锅具。

便看向上田先生，用眼神询问："这是谁的？"他回答说："我平时也拉琴。"

永井荷风曾在书中写道："放置着乐器的房间令人怀恋。"我想，乐器自带一种不可思议的光晕，能提升房间品格。再说到大提琴，我耳边总会回响起巴赫无伴奏大提琴组曲那有力的旋律，当我无意间窥视房间里的乐谱架时，没想到上面放着的，正是《无伴奏大提琴组曲第二号 D 小调》。

　　　　　　　　　生活艺术家的手作私宅

1

2

1　上田先生挥舞石锤制作的大型岩石作品。

2　亚矢子的石雕小品。她用细致耐心的手法呈现出了深
　　潜在石头内部不为人知的美感。

站在工作间里听上田夫妇讲授石锤课。

　　　　　　　　　　　　　　　　生活艺术家的手作私宅

后 记

如果把"走进建筑师的家"和"走进艺术家的家"两个专栏算在一起，上田夫妇的采访是我写的第三十二篇。

也就是说，我走访了三十二个住宅。说起来很神奇，至今为止我们没有碰到雨天。即使有一次冬天要去北海道旭川，直到出发前一天当地还在刮暴风雪，天气预报行程当天也是暴雪，航班可能被取消。但没想到第二天忽然晴了，冬日蓝天上不见一丝云彩，毫无变天的迹象，采访进行得十分顺畅。经历过几次这样的奇迹，我和编辑森户先生以及摄影师相原先生就不在意天气了，擅自认定"去采访时肯定是晴天，再不济，顶多也是阴天"。这不，报应来了！采访上田夫妇的那天，一直淅淅沥沥下着早春冷雨。

尽管天气不如人意，采访和摄影依旧进展得很顺利，唯一遗憾的是，工坊后面的大樱花树尚未开花。

亚矢子也为此可惜："樱花盛开的样子美不胜收。"

两星期后，我收到了编辑送来的两张照片，啊，工坊背后的萌萌新绿间渲染着大片樱花色。

原来是摄影师相原先生算准花期后，特地又去拍了几张。

琉特琴

不仅音色细腻优美，
外形也美极了

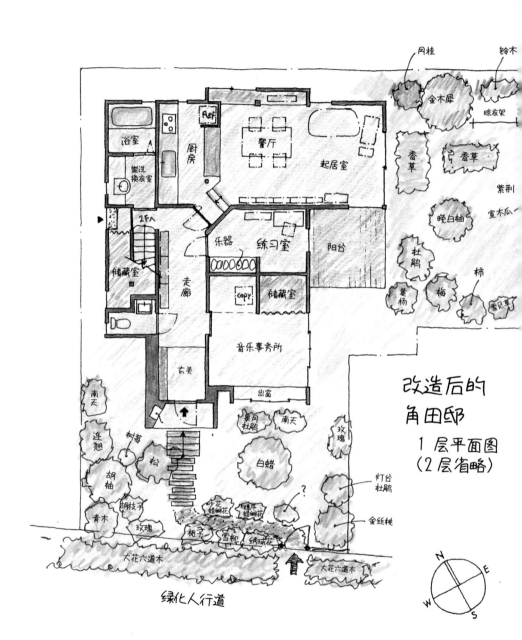

浴室
厨房
膳洗换衣室
Ref
餐厅
起居室
2F∧
储藏室
乐器
练习室
走廊
copy
储藏室
阳台
音乐事务所
玄关
出窗

月桂
铃木
金木犀
晾衣架
香草
香草
紫荆
晚白柚
宣木瓜
杜鹃
梅
柿
黄杨
雪见草

南天
连翘
树蔷
松
胡枝子
青木
玫瑰
景阳杜鹃
南天
白蜡
玫瑰
灯台杜鹃
金丝桃
夕花蜡瓣花
糠穗蜡瓣花
?
栀子
雪柳
绣球花
大花六道木
大花六道木

绿化人行道

改造后的
角田邸
1层平面图
（2层省略）

N E W S

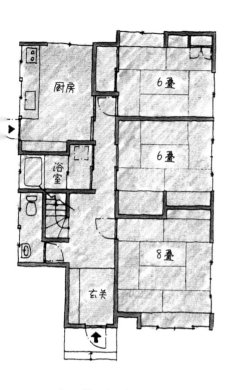

旧屋改造前的构造
1层平面图

琉特琴

角田隆

每当我看到自己设计的房子，
被房主享受又珍爱地居住着，
心中便说不出地满足。

演奏家

前不久，我和久违的大学时代友人在居酒屋见面喝酒，闲聊片刻后，有人忽然换上一副认真的表情对我说：

"我吧，最近回头看自己这半辈子，忽然发现，有些事终究没能做出个样子，唉。你们呢？有同感吗？"

一问究竟，才知道他大学毕业后一心想要掌握英语，希望能用英语自由交谈，于是去上了业余英语学校，但没能学好，对此他一直心存遗憾。"现在后悔也晚了。"他惆怅地笑。

听他这么一说，我回想了我的过去。同感，太有同感。我也经历过无数类似的事，这些事最终化为苦涩的挫折感，至今沉淀在心底。

比如说，小时候我喜欢音乐，打心眼里希望自己能掌握一门乐器。学了两年竖笛后，终无所成。又跟着教程类书籍自学过古典吉他，也半途而废。刚开始学吉他时，我梦想着先拿古典吉他打基础，待进展到一定程度后，就去拜师学习琉特琴[1]。但我并没能打好吉他的基础，琉特琴梦也随之烟消云散。

所以，二十年前我在朋友的家庭音乐会上亲耳听到角田隆先生

---

1 琉特琴：一种曲颈拨弦乐器。主要指中世纪到巴洛克时期在欧洲使用的一类古乐器的总称，是文艺复兴时期风靡欧洲的家庭独奏乐器。

演奏琉特琴时，内心岂止是羡慕，简直是嫉妒的火焰熊熊燃烧。

　　而在家庭音乐会结束后的派对上，角田先生讲起他除了喜欢各种音乐、专业的古乐[2]之外，还精通昭和情歌和五六十年代的欧美老流行乐，只要兴头上来，他能像模像样地唱上几首。听到这里，我的妒火立刻云消雾散，变成了满心的亲切感。我和角田先生的交情就这么开始了。

　　哎呀，不知不觉啰嗦了这么多，话归正题，本次要走访的就是角田隆家。

　　角田夫妇住在东京西郊，西武多摩湖铁路沿线一带。家门前有一条遍植樱花树的林荫道，周围绿地众多，能依稀看到昔日武藏野的乡野遗痕。这种环境也许正是古乐器演奏家理想的居住之地。八年前，角田夫妇买下此处一座旧屋，全面改建后，有了现在的角田邸和工作室。我刚用"旧屋"来形容，实际上是一处四十年前建造的粗陋房屋。由于房间设置实在太老式，不适合现代生活，于是角田先生拆掉了一部分，这一拆除才发现众多构造性缺陷：地基和房柱下方早已被白蚁掏空，受损面积相当大；屋顶、墙壁和地板处没有装隔热材料；该有房柱支撑的地方处于悬空状态，羸弱的房梁勉强支撑着房屋重量。所以，大规模改建工程是从地基阶段重新做起的。看到此处，想必有些读者已经猜到，没错，我的建筑事务所承包了这次改建设计和施工监管。

　　关于施工内容，准确说是"增建"和"改建"。至于究竟增建

2　古乐：这里指用古代乐器演奏的古典音乐。

了哪些部分，对比一下平面图便一目了然。我们先拆除了房子的外围部分，暂时保留下大梁和房柱，检查了所有问题点后，工程才正式开始。如果是新建工程，那么我可以在开工之前，花大量时间做好设计图和模型，之后再去现场。改建工程就不能这么按部就班，必须临机应变地对待不断涌现的问题和意想不到的麻烦，要迅速反应和决策，不然工程进展不下去。如果用音乐比喻，改造工程不是按照乐谱演奏的古典音乐，而是即兴爵士，要围绕着现场氛围做出应变，很考验反应能力、经验见识和技巧。在我看来，比起搬弄逻辑理论，身体和手先做出反应的人，尤其适合做改建工程。

改建后的新居里，要有起居空间、餐厅、厨房、卫浴、两间卧室（主卧和儿子的卧室）等住宅所必须的部分，还要设置琉特琴练习室和角田夫人负责的音乐事务所办公间。若想在上下两层、一共106平方米的建筑面积里容纳下这些功能，是个不小的挑战。为此我没少动脑筋，不是抱着肩膀睨视天花板，就是盯着平面图摸着手腕想主意。角田夫妇见状，就过来说明："我们预算有限，不能妄想得太多，不过……"话语间虽然流露着犹豫，但同时也提出了明确要求，大体整理一下，便是以下这些：

一、音乐练习需要聚精会神，希望练习室是一个静谧空间。

二、必须有一个放置乐器的地方。

三、夫妇两人喜欢做饭，想一起进厨房，厨房不能太狭窄。

四、家里有很多碗碟，今后还会增加，碗碟收纳部分要足够大。

五、要是起居室和餐厅能充裕地容下众多来客就好了。

六、这个充裕空间，有时还要聚集多人召开音乐演奏会，甚至放声高歌，希望做隔音处理。

2

1

1 玄关的位置稍稍避开散步道上行人们的视线。左右的侧
   壁形成宽阔的遮蔽。
2 宽 180 厘米的宽敞走廊与玄关。

七、为夫妇两人的晚年着想，通往二层卧室的台阶坡度越缓越好。

八、玄关处要有一个大鞋柜。

九、洗手台部分越宽敞越好，浴室通风良好，不滞留湿气。

十、如果有个后门，肯定很方便。

除了这些，还有不少呢。最后一剑封喉："改建费要尽量便宜！"

仔细回看以上各条要求，就知道角田先生除了音乐演奏活动之外，平时在家时间长，夫妻两人很注重生活感受，对他们来说，这些要求都是自然而发，并不是出难题。唯一的难点在于，建筑面积就这么大，预算就这么多，怎样才能完成要求呢？尤其是第五条里的"充裕空间"很让我费了一番脑筋，现有的建筑面积肯定达不到，最后的解决办法是在面向庭院的地方增建了一个六叠大的小屋。为了实现"充裕感"，我让小屋、起居室和餐厅一层部分的地板下沉30厘米，这样就有了高顶棚。

虽然我并非有心设计，但实际上完成之后再看，进玄关后，通过笔直延伸的走廊，打开大大的回转门，向右斜转，走下徐缓的台阶，进入起居室——这连续的变化转折，带一点戏剧感，几个空间连通得很生动。换句话说，就是进门后一路走来，人的意识会不由自主地流向起居室，这样，就营造出了这个家独有的氛围。

其实这些并非事先有意设计，反而是竣工之后我去角田家做客时才体会到的。同时，让我体会最深的，是角田夫妇两人把这个房子打理得非常妥帖，建筑在渐渐迎合夫妇二人的生活姿态，变得合身合体，成了真正的角田邸。通过这点体会，我愈发感到，所谓家，所谓房子，是装载屋主日常生活的容器。我在给建筑系学生或年轻

1   2

1 走廊和餐厅之间，隔着一道用轴固定的旋转门，转到
   九十度时，左右两侧都能过人。
2 从走廊看到的餐厅部分。藏在大旋转门背后的宽敞
   厨房。

走廊下两级台阶后，便是餐厅和起居室。大窗户面向东南，整体感觉十分舒适。窗边的座椅来自丹麦，是角田先生打瞌睡的专用椅。

从起居室望向餐厅和厨房。左侧能看到通向走廊的两级台阶。

生活艺术家的手作私宅

1

2

1　餐厅旁的浅进深食器柜。各种酒壶和酒杯出自以中里隆为首的陶器作家之手。数量之多，似乎马上就能开个居酒屋。

2　窗外是生长着杂木和杂草的小院，武藏野旧日乡野味道犹在。一扇大窗，正适合夫妇两人远眺几只院养猫。

设计师做演讲时经常说,"人住在房子里,房子里就包容了这个人的全部生活习惯和品位嗜好""家就像一个容器,包容着房子主人的全部人格和人生"。如今看到角田夫妇的生活姿态和居住方式,更加深了我的这一体会。

通过照片,也许读者们能感受到一些角田家的氛围。他们两人将平时爱用的食器,喜欢的音乐 CD 和 DVD,珍重的绘画和雕刻,以及种种古旧物件、书籍和乐器收藏,用自己喜欢的方式,精心摆设到恰好的位置上,让人一看便知两人生活得舒适而愉快。

看到自己设计的房子被房主享受又珍爱地居住着,我心中便说不出地安慰和满足。就像那句话说的:"这是建筑设计师能得到的最佳回报。"每当我走访这样的家,这份感触就更加真切。

厨房一角。水池下方做了防水防蛀的黑色涂层处理。正面
可见的细长窗户既通风，也能看到室外。

1

　　　　　　　　　　　生活艺术家的手作私宅

2

1　房间里各处摆着夫妇二人的（宝物？）收集，令来客
　　目不暇接。
2　古旧木柜上摆放着古今东西的金属小物。角田先生是
　　一位能从"破烂"中慧眼识宝的优秀鉴手。

在小小的音乐练习室里，角田先生
演奏，我侧耳倾听。太奢侈了，专
为我一人演奏的音乐会！

生活艺术家的手作私宅

后　记

在这里，给读者披露我与角田夫妇相知相交几十年中的一个场景。

角田夫妇宅邸竣工后，我们在散发着木头清香的新居里一起度过了辞旧迎新的除夕。

我至今依然记得，大晦日之夜，我们一起观看了角田先生珍藏的小萨米·戴维斯[1]出道六十周年的庆祝派对录像。

1989年深秋举行派对时，小萨米·戴维斯已因咽喉癌而失声，正与病魔搏斗。他的亲朋好友聚集到一起，为他鼓劲。这些友人中，有弗兰克·辛纳屈、迪恩·马丁、惠特尼·休斯顿、克林特·伊斯特伍德、格里高利·派克、史蒂夫·旺达、昆西·琼斯、埃拉·菲茨杰拉德等一众名人。他们交替登台，用充满智慧和幽默的话语，对戴维斯做了令人感动的发言，话语间满满的友情与爱。摄像机及时捕捉到了戴维斯侧耳倾听时眼角的泪光。

没什么可隐瞒的，我和角田泪点都低，我们紧握纸巾和手帕，目不转睛地看着这场派对的录像。

派对的最高潮，莫过于迈克尔·杰克逊从烟雾中徐徐浮现。他为深深敬佩的这位音乐界前辈，演唱了特意为这场聚会作词、作曲的《你曾在那里》（"You Were There"）。

当杰克逊最后百感交集地唱出"是的，我在这里，是因为你曾在那里"（Yes, I am here, because you were there）一句时，我和角田都难以自抑地发出了呜咽声。

1　小萨米·戴维斯（Sammy Davis Jr., 1925—1990）：美国著名歌唱家，20世纪流行文化偶像之一。六十五岁时死于咽喉癌。

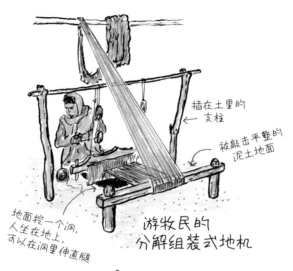

插在土里的
← 支柱

被敲击平整的
泥土地面

地面挖一个洞，
人坐在地上，
可以在洞里伸直腿

游牧民的
分解组装式地机

ganga 工坊 25
JAN.
2016

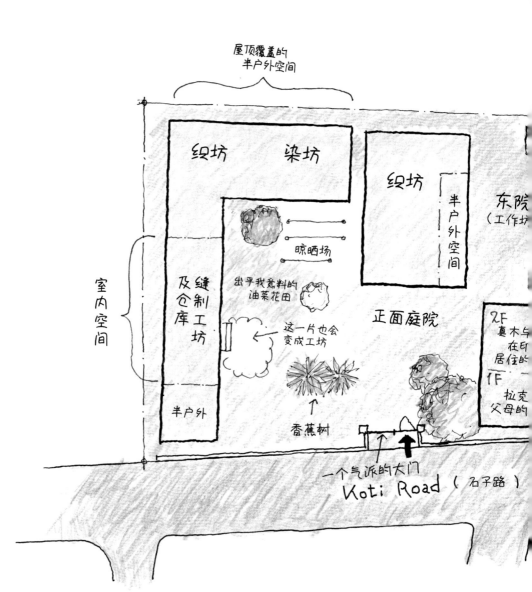

屋顶覆盖的
半户外空间

织坊　　染坊

织坊

半户外空间

东院
（工作坊

室内空间

缝制工坊及仓库

晾晒场

出乎我意料的油菜花田

这一片也会变成工坊

2F
夏木与
在印居住的
作
拉克
父母的

半户外

香蕉树

正面庭院

一个气派的大门

Koti Road （石子路）

地机

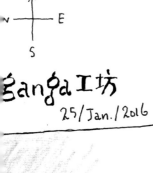

ganga工坊 25/Jan./2016

忆描绘,
在误差。

真木千秋

这种名叫"地机"的质朴织机，
此时在我眼中，仿佛一座象征着
真木女士染织精神的小神殿。

2001 年冬天，我第一次去印度旅行。某一天，正当我和织物设计师真木千秋在德里某家酒店的六层共进早餐时，楼体突然开始摇晃，整栋红砖结构的建筑发出惊悚的吱呀声。脸色青白的侍者用英语高喊："地震啦，地震啦，快跑！"跟随他的指示，我们立刻狂奔到一层，又害怕被倒塌的砖石砸到，便跑到更安全的空地避难，等待晃动结束。

　　据说，震源是古吉拉特邦艾哈迈达巴德市，里氏震级 7.7。古吉拉特邦有两万人在这场地震中遇难。

　　忘记说了，我那次旅行的目的，是去艾哈迈达巴德参观由柯布西耶设计的"萨拉巴伊宅邸"（Villa Sarabhai）。按照最初计划，我原应在地震前两天的晚上到达艾市，但我的向导临时有事，旅程推后了三天。由此，我侥幸躲过了这场大地震的袭击，捡回一条命。

　　受地震影响，通往艾哈迈达巴德的航线和陆路皆被阻断，最终我没能达成旅行目的。

　　地震之后，真木女士并没有间断工作，还是一直来往于工坊和德里之间。她的工坊生产由当地工匠制作的色彩和手感都很独特的草木染手工织布，兼做同种布料的衣服和包袋。

　　每次见到真木女士，我总对她轻敏的动作心生佩服。岂止动作，她本人简直也称得上神出鬼没。

比如，正当大家都以为"这个季节，真木肯定在印度吧"，就有日本某家艺廊老板发来邀请："今夜本廊将举办真木女士的演讲会，敬请光临。"或者收到她的明信片："已在西表岛¹织了一星期的布。"（真木女士很喜欢写信。）

就这样，她在印度、西表岛和大本营东京秋留野市纺织印染的布匹与加工好的衣服，不断出现在日本各地的手工制品艺廊和百货店的专卖会上，看上去轻盈凉爽，色彩也华美。当然了，这些布匹旁，总是能看到真木本人的身影。

2010年，她将工坊从大气污染日趋严重的德里市搬到了喜马拉雅山脚下的德拉顿。德拉顿是真木织物工坊职员拉克什·辛的老家，拉克什父母家院落里的"Ganga 工坊"，由此变成了真木在印度的大本营。

这次我想给读者展示的，就是真木在印度工作兼生活的地方——Ganga 工坊，在此之前，先绕路介绍一下正在施工的德拉顿真木织物工坊的情况。

真木女士搬到德拉顿两年后，2012年，在距离 Ganga 工坊十五分钟车程的山脚下，买了一块适合修建工坊和住宅的土地，大约 11570 平方米。

正巧在此时，位于东京乃木坂的"TOTO 间艺廊"举办了印度建筑师比乔伊·贾恩²的孟买工作室作品展。真木女士和工作伙伴

1　西表岛：日本琉球列岛八重山群岛中面积最大的岛屿，也是冲绳县的第二大岛。
2　比乔伊·贾恩（Bijoy Jain，1965—）：印度著名建筑师，耶鲁大学建筑学院诺曼·福斯特客座教授。1990 年在美国华盛顿大学获建筑学硕士学位，1995 年回到印度，创建了自己的孟买工作室。他的建筑作品注重因地制宜，以及人与自然的关系，曾入围阿迦汗建筑奖。——编注

帕尔瓦（Parva）先生（名字虽怪，却是日本人）一同参观了展览，马上被比乔伊的作品折服，决定请他设计新工坊。在联系了比乔伊后，她也告诉了我这个消息。

其实，我在2010年威尼斯双年展上已经见识过比乔伊的作品，大为感动。比乔伊与工匠们携手完成作品的工作态度让我感同身受。当我听到真木这么说时，马上就表示："交给孟买工作室，我双手赞成！"

就这样，由比乔伊设计的真木织物工坊在2012年开始施工。至于进展，与其说顺利，不如说是印度式的牛步慢行。2015年春天，我给真木打电话时，随口问了一句："听说年底竣工，现在进展到哪里啦？"得到的回答是："推迟再推迟，你要是想参观，明年初保险一点。"

对于比乔伊的孟买工作室，我和我的职员都很感兴趣，也很敬仰，我打这通电话时，手下们都竖直了耳朵偷听，众人纷纷燃起兴奋的小火苗，无声地暗示我必须带他们同去。

这样一来，大家都无心工作，干脆决定，"好吧，我们组个研修团，去参观一下"。2016年1月下旬，我带领一支由职员和友人组成的十七人团队，奔赴德拉顿施工现场。

果然如我所料，施工现场不紧不慢地流淌着"悠长的印度时间"。哪里有竣工的迹象，连一面墙也没有，房顶都还没架好。职员们不由得面面相觑，点头示意"果然如此"。

所以，让我们将话题重新转回到依然在运转的Ganga工坊。

到达德拉顿第二天，真木邀请我去参观Ganga工坊。我在前面说过，这里原本是拉克什父母家，家里的院子就是目前真木在印

1

2

1 院落里的工作空间呈"コ"字形分布。由波纹板和矮
  墙组成的半室外空间与院子连为一体,很便于工作。
2 半户外的工作空间自然而然地与院子相连,只要季节
  合适,在小院里也能干活。正在油菜花前纺纱的男女。

东院里，展示真木织物工坊工作内容的桌子。桌后的小草棚里，放置着可以拆解组合的游牧民地机。

度的基地。真木和帕尔瓦在印度停留期间，住在拉克什父母家的楼上。

这一天，为了给我们团队介绍工坊在印度的工作内容，真木特地在院子里设了桌子，摆上不同种类的野蚕茧，五颜六色的真丝线、棉线、麻线、羊毛线，以及用这些线织成的布匹，加工好的布制品，等等，为我们讲了近一小时的课。

如果用一句话概括真木织物工坊产品的特征，我想，那就是"从头至尾皆手工"。比如需要真丝，就从养蚕抽丝开始；蚕要吃桑叶，那就种树；织物需要染成蓝色，那就栽种蓼蓝，如此等等。每道工序用的是有几百年传承的传统手法（我想称之为"古代手法"以表敬意），这也可视为真木工坊一大特征。真木的讲解细致又诚恳，从她的话语中，我们感受到了她对手工艺的尊崇和爱恋。我们十七人团队是做建筑的，对染织一无所知，真木的讲解让我们看到了一个新世界，实为有意义的一堂课。

讲完后，她带着我们参观了各个工作场。

工坊划分成几个区域，"这个活儿要在这里做"，负责各道工序的印度当地人各就其位，埋头工作。也许是我没见过织布而感到新奇，各道工序和工人们的熟练动作，都充满吸引力，让我看得目不转睛。

染织工作从纺真丝线、棉线和麻线开始，接下来是染色，染好后放到织机上整经、织布，加工出所需的手感，处理边角，缝制，一切都分工有序。整座院子除了居住部分，包括正对大门的空场和东院在内的大约 660 平方米的空间，都是工作场地。

"整座院子都是工作坊"，是的，真木刚才给我们上课的东院角落里，有一个大约四叠大小的小巧草棚，棚里有一台固定在地面上

1

2

1　半室外工作空间里的染坊。在这里烧柴方便排烟，一旁连通着晾晒场。泥土垒成的大、
　　中、小三个灶台上，放着对应三种尺寸的锅，样子很是乖巧可爱。
2　叫作"地机"的可以拆解组合的原始织机。地面挖个洞，人坐在地上，洞里能伸开腿。

织物设计师　真木千秋　　　　　　　　　　　　　　　　　　　　　　　　　125

的织机，一位中年女性正在织布。据说此地还有以放牧为生的游牧民，他们在地面挖坑，用圆木和少许方木搭建出织机，纺织土布。这种简素至极的织机叫作"地机"，拆分和组装都很方便，便于游牧民到处迁徙。角落里的这台地机此时在我眼中，仿佛一座象征着真木女士染织精神的小神殿。

我在上文中写到的拉克什先生，原是德里一家餐厅的厨师。每当真木工坊在秋留野市举办活动时，他就会做很多正统印度料理酬宾，这次在德拉顿，他为我们准备的是印度式自选午餐，我随着众人乖乖排队，往沙罗双树树叶做成的盘子里盛那些好吃的菜时，不由地怀念起了小学时中午排队领午餐的情景。

1

2

3

4

1　温暖阳光下，这位女性正在用脚踩式纺毛机纺羊毛线。

2　成品加工室内的样子，有着女性工作环境所特有的温
　　暖轻松的气氛。

3　在大型机器上纺织宽幅布料的工人。在印度，机械纺
　　织仿佛是男性的工作。

4　真木女士正在为我们详细讲解各种蚕、茧、丝、布。

用沙罗双树树叶做成的盘子里装得满满的：恰帕提薄饼、小萝卜沙拉、酸辣泡菜、两种豆类混合的咖喱、蒸芥子菜，每样都非常美味，我连加了两三次。

拉克什先生做的自选午餐是正宗北印度风味。我和真木（照片中左一）正在乖乖排队选餐，选自己想吃的，取多少都可以。

　　　　　　　　　　　生活艺术家的手作私宅

后　记

2017 年秋天即将结束时，我接到真木女士的电话。

话筒那边传来她快活的声音："经过遥遥无期的等待，新工坊终于盖好了，我们刚搬进去。欢迎你们再来参观呀。"如我前文所说，这座由印度建筑师比乔伊率领的孟买工作室设计的新工坊，从 2012 年开始施工，花了整整五年时间才完成。

俗话说"所有黑夜终将迎来黎明"，虽然度过的黑夜过于漫长了，却仍叫我兴致勃勃，心早就飞到了印度北部的德拉顿。上一回我们参观了工程的后期，如今真木又发来邀请，我怎么坐得住！

问题在于日程的安排。真木一句"正好比乔伊也要来，他也很想见你呢"，让我下定了决心。哪怕对方是客套，我还是挤出时间，兴冲冲地去了印度。

其实，我有一个出版计划，打算把这场施工从开始到竣工的五年间发生的众多故事整理成纪实性文章，加上比乔伊先生描绘的大量速写图和施工照片后做成书，如果这次能在当地见到比乔伊，那真是再好不过了。

满月之夜，我和比乔伊围坐在篝火旁，商量着怎么做这本书。忽然，东方的山巅上升起一轮大得吓人的明月，沉甸甸的，又威风堂堂。我看到月光之下的新工坊在闪闪发亮。

织物设计师　真木千秋

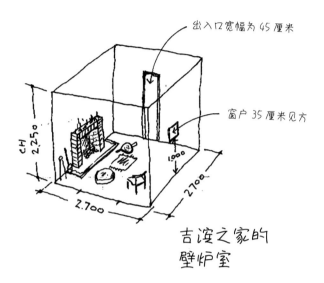

出入口宽幅为45厘米

窗户35厘米见方

吉凄之家的
壁炉室

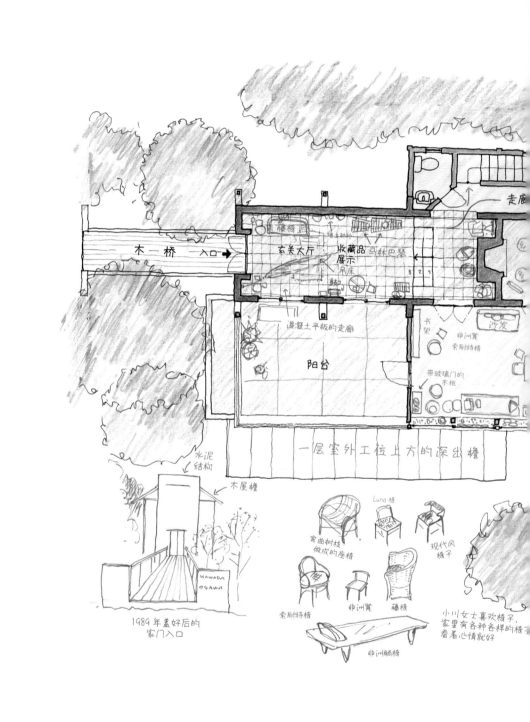

木 — 桥 — 入口

玄关大厅

收藏品
展示

马林巴琴

走廊

混凝土平板的走廊

阳台

书架

非洲凳
索耐特椅

带玻璃门的
木柜

沙发

一层室外工位上方的深出檐

水泥
结构

木屋檐

1989 年盖好后的
家门入口

KAWADA
OGAWA

Luna 椅

弯曲树枝
做成的座椅

现代风
椅子

索耐特椅

非洲凳

藤椅

非洲躺椅

小川女士喜欢椅子，
家里有各种各样的椅子，
看着心情就好

食材小屋

餐厅　厨房

很遗憾
没能参观

实木柜
朝向？

沙发

阳台
站在厨房
远眺，也很舒畅

素椅

吉浅之家　2层平面图

（川田顺造与小川待子的）
住宅兼工作室

小川待子

"唉，很多建筑师根本不考虑住在里面的人的感受，只按照自己的喜好盖房子，对吧？"

十五年前，我和几个友人去位于南伊豆的陶艺家武田武人家里玩，并在他家留宿，第二天回东京的途中有一个意外惊喜，就是贸然闯到位于汤河原的陶艺家小川待子与人类学家川田顺造先生的家里做客。

　　小川待子的宅邸名为"吉滨之家"，甚是有名。正巧此行的友人中，有吉滨之家的设计师阿部勤先生。当时阿部开着车，我们几个在车里闲聊，聊着聊着就突然决定去小川女士家看看。

　　这次贸然拜访最让我印象深刻的地方，是小川家中央一个用作"壁炉室"的小房间，它让我念念难忘，反刍了很久。设计师阿部先生写过一本名为《有中心的房子》的书，颇为精彩。书中他提到，吉滨之家的"中心"，便是这间壁炉室。而我刚踏入壁炉室，也直觉地感受到了这一点。壁炉室很小，只有四叠半，位于整座房子的中心部，四面被其他房间包裹着，水泥墙壁同时带来密封和闭塞的感觉，进入房间，如入动物巢穴，让人安心。站在房间里我想，壁炉室不仅是吉滨之屋的心脏，也是其重心。

　　壁炉室里有南北两个出入口，通往北侧走廊的出入口，竟然只有 45 厘米宽（而且走廊侧的门面特意做成一面镜子，看不出是门）。要想通过这道窄门，必须缩紧肩膀。我们一行人进入房间后，遵循着壁炉室的默规，一齐坐到地板上，缩成一小团，互相抒发着感想：

"这个地方太好了。""不知不觉就困了,我想在这儿睡一觉。"

我暗暗猜,阿部先生设计住宅的秘诀,就在于打造这样一种亲密、隐蔽又舒服的气氛。

前不久,我再次拜访吉滨之家,一下车就吃了一惊——房子模样大变,让我不由得四下打量确认了一番。仔细看后才发现,房子四周的植物已经极其高大茂盛,覆盖并藏起了建筑。原本走上木桥时就能一眼看清整个大门,而现在这个水泥结构的细长对称式入口,一半都掩映在繁茂枝叶里。

静静走过木桥,打开"阿部勤"样式的双开大门后,里面等待来客的,是一个静谧的高顶棚空间——玄关大厅兼艺术室。大门外的风景在这些年间发生了巨大变化,而室内,依旧是从前那个气氛浓郁的空间。川田顺造先生是人类学家,此处摆着他从西非各地带回的收藏品。想必此时的展品与当年有所不同,站在大厅里侧耳倾听,仿佛能听到非洲民间音乐和土著祈天敬神之声隆隆作响,回荡在大厅里。这一点,与从前完全一样。

玄关地面由水泥构件铺成,我脱了鞋,向众多收藏品无声问好之后,向房间里面走,下两级台阶后,一仰头,忽然看见一块四方形蓝天。这种令人会心的小设计,不仅让来宾感到享受,每天住在这里的人,想必也非常喜欢。对建筑设计师来说,这种细节正是考验品位和技巧的地方。吉滨之家里,四处闪耀着这样的巧思,足见阿部先生心思多么周到体贴。

如果把吉滨之家比喻成一本书,那么,穿过双开门,进入艺术室,一直到看见蓝天,这一连串的空间体验,就像书籍的第一章。第一章结尾是一面水泥墙,可以看出这里是壁炉室的后背。接着向

1

　　　　　　　　　　　生活艺术家的手作私宅

2

1 因为土地是一块斜坡，所以要用一段木桥连通正门。房
  子建成二十四年了，当年的小树也已长成大树，将房
  子个性十足的外观遮去了一半。

2 被橘园环抱的工作间，这间人字形屋顶的陶窑，是和主
  屋同时建成的。

1

生活艺术家的手作私宅

3

2

1 打开大门，展现在眼前的是玄关大厅兼艺术室，也是
   川田顺造先生从非洲带回的民俗乐器、面具及其他民
   俗学资料的展示室。

2 从艺术室再往里走，下两级台阶，回头看玄关大厅和
   正门的样子。地面铺着 30 厘米见方的人行道水泥砖。
   从左侧横拉门走出去，外面是个宽敞的阳台。

3 艺术室墙壁上，挂着各种乐器和面具。水泥墙壁正好
   搭配个性强烈的装饰。

从起居室看向阳台。房间里随意放置着大小不一的座椅，
仔细一看，各个都有来历。从这个房间能嗅出，屋主喜欢
收集，喜欢名家座椅。

左转，进入回响着第一章余韵的流线走廊。从这里既可以去厨房和餐厅，也可以向右拐，进入新故事即将开始的第二章——起居室。

　　吉滨之家的建筑特征，是钢筋混凝土结构的长方形箱体和木结构厢房的多重交互。在这种构造中，既有四面水泥墙壁围造的厚重空间，也有木头梁柱和木板墙壁组成的闲适空间，此外，还有屋檐覆盖下的半室外阳台。置身在几种空间里，感受各不相同，让房子本身和置身其中的生活感受更丰富，充满了变化的可能性。

　　接下来是"第二章"起居室。

　　起居室是木结构厢房的一部分，房梁和柱子都露在外面，再加上木地板和木天花板，全木结构营造出了温柔而包容的气氛。南墙上的横长大窗几乎占去了墙面宽度，窗外可见一片橘园，更远方是一望无尽的太平洋。不用说，风景就是秘藏在房间里的一道佳肴。这个房间里也摆满了川田先生和小川女士的收藏。横长大窗的窗台成了绝佳展示位，摆满了各种贝壳、矿石、岩石、木雕人偶、铸铁动物和陶盘等稀罕物件。我看着两人的宝贝，仿佛能听见这些装饰物对我热情地讲述两人的兴趣爱好和在这里度过的悠悠岁月。我满心好奇，拿起一件矿石细看，小川女士见状，便用她独特的温暖嗓音，给我讲述了她住在巴黎时，看到矿物博物馆里众多展品后的感动。

　　我有一个坏毛病，只要是在风景好的地方与知心好友聊天，就浑身放松，以至于忘了本来目的（采访）。忽然看到摄影师相原四处拍照忙个不停的样子，我这才一激灵，唐突地换了话题："那么，当初因为什么决定请阿部先生来负责设计呢？"小川女士说："我过去很讨厌建筑师。觉得很多建筑师只按照自己的喜好盖房子，根本不考虑住在里面的人的感受。"听她这么毫不留情，我不禁感到耳朵有点疼。她接着说："我当时想，与其找建筑师，不如买一套现成的中规中矩的房子……"（耳朵越来越疼，鼓膜要穿孔。）于是她真的去看了一些现成的房子，但实在找不到中意的。（幸好！）正当束手无策的时候，建筑评论家植田实先生向她介绍了阿部勤先生。（真不容易，终于落定了。)话虽如此，我在看过杂志《绿色列车》[1]（1990 年 6 月号）上的《与自然共生之家》一文后，才知道两位房主给阿部先生提出了两个要求："不能盖成建筑师喜好的样式""要体现出材质感"。

不知搞建筑的各位看过这段小插曲后感受如何？在我看来，"不信任建筑师"绝不仅是小川女士一人的意见，而是"沉默的大多数"的率直心情。

现在看来，小川女士和设计师阿部的组合无比正确。因为在前面那篇杂志文章中，阿部说道："我想，一个家，是由住在里面的人打造出来的。而建筑师的立场，只是为屋主提供一个可以描绘生活的空白画布。"

说到自己的工作，小川女士坦言："一切是从器物开始的。"并解释说，"因为器能包容他物"。

这下就说得通了，小川女士对住宅和工作间的要求，就是"能包容他物"这一点。谈到作品时，她笑着说自己的失败之作是那种"没有缺陷的东西"，语气却十分坚定，又补充道："没有留白的东西太

---

1 《绿色列车》(*Train Vert*)：东日本旅客铁道公司（JR 东日本）发行的新干线车内杂志，主要介绍东日本的历史与文化。——编注

横长大窗的窗台是最方便不过的收藏品展示台。窗台距地面 45 厘米，低得恰到好处。窗外是一片橘园，再往前便是宽阔的相模湾，好景尽收眼底。

生活艺术家的手作私宅

从水泥墙壁的艺术室进入起居室后，气氛马上不一样了。
这里处处可见柔和的木色。木房梁、柱、地板、天花板在
岁月变迁中，慢慢变成了美丽的焦糖色。

逼仄，容不下灵感的东西。"我想，这些就是她作为陶艺家的自省之处吧。换个角度，这也可以说明"屋主对住宅的认识"。

说她是自下结论也好，自我满足也罢，无论如何，这样性格的小川女士当然不愿意找建筑设计师建造"逼仄，容不下灵感"的房子。我非常理解她的心情。如此说来，她遇到阿部勤这样擅长做"容器"的设计师，真的很幸运。在这座闲适的混合结构房子里，每个房间没有固定名称，也没有固定用途，怎么使用，全看小川女士的心情和具体情况。我看着她这种融通无碍的生活状态，既觉得新奇，又深感佩服。

对了，借着这次采访的好机会，我当然想在壁炉室里再盘腿坐一次。正当我开口"想再看看壁……"时，小川女士就笑着回答："不行！那个房间现在是卧室。"她的神情仿佛在说："瞧，就是这样，怎么使用容器，全看你有什么想象力"。

生活艺术家的手作私宅

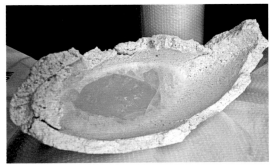

1

2

1　小川女士的新作。这件"器"里就像盛着一面海，器
　　里有诗情。

2　作品的雏形。她说："想把泥土内含的力量凝结成形状，
　　用作品展现出来。"

陶艺家　小川待子　　　　　　　　　　　　　　　　　　147

坐在非洲躺椅上

听小川女士讲解矿石的魅力。

　　　　　　　　　　　　　　生活艺术家的手作私宅

后　记

采访小川待子女士的吉滨之家时，我心里抱着微薄希望："如果运气好，说不定这次能见到她丈夫川田顺造先生呢。"

即使有缘得见著名的人类学家川田顺造先生，我怎么可能接得上他的话题。尽管如此，三十几年前我读过他和作曲家武满彻先生的往复书简集《音，语言，人》（岩波书店，1992），曾深为感动。我一直记得他信中的几段话："不仅仅是音乐，其他诗歌或小说也好，绘画也罢，缺乏幽默感的作品我怎么也喜欢不起来。""树和树之间拉起绳，慢慢将洗好的衣服一件一件挂上去晾晒，对我来说，这简直是至福喜悦的时间。""一个地方的季节变化，非得在当地住两年以上，每天去市场买菜，才能真切地感受到。"这些只言片语经常毫无来由地在我脑海里浮现，所以，作为他的读者，我很想把读后感讲给他听。

《音，语言，人》中配了小川女士介绍非洲民俗音乐和乐器演奏现场的速写插图，我也想告诉她，每次翻开这本书，一张张笔触潇洒的铅笔速写都让我看到入迷。

可惜采访那天，很遗憾没能得见川田先生。再加上摆在房间里的两人的大量收藏品，让我看得不亦乐乎，就把铅笔速写感想的事情忘到脑后了。

所以，我要借本书将心意传达给两位。

陶艺家　小川待子　　　　　　　　　　　　　　　　　　　　149

锻造家
藤田良裕常用的
焊接面罩

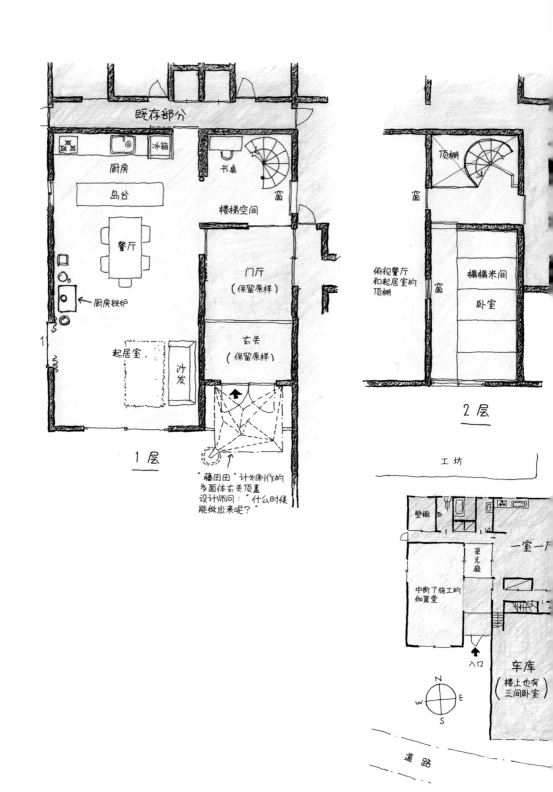

既存部分

厨房

冰箱

书桌

楼梯空间

岛台

餐厅

门厅
（保留原样）

厨房铁炉

起居室

沙发

玄关
（保留原样）

"藤田田"计划制作的
多面体玄关顶盖
设计师问："什么时候
能做出来呢？"

1 层

顶棚

窗

俯视餐厅
和起居室的
顶棚

窗

榻榻米间

卧室

2 层

工 坊

壁橱

采光庭

一室一厅

中断了施工的
伽蓝堂

车库
（楼上也有
三间卧室）

入口

N
W   E
S

道 路

藤田良裕

建筑师给客户出了一道难题。

改造部分

在我小时候，唱歌也是一种游戏。

对贫寒渔村的孩子来说（尤其是我），唱歌是童年的主要娱乐。除了学校教的歌，我唱的大多是歌谣曲[1]。唱着唱着，总能遇到不理解的歌词，歪头想："这唱的是什么呀？"歌谣曲是大人的歌，孩子不能完全理解很正常，但面向小孩的童谣里也有不少让我费解的。比如有一首开头是"好孩子住的好镇子"的《唱歌小镇》，其中就有一句："锻冶屋叮叮当当叮叮当。"锻冶屋是什么？当年我一头雾水，毕竟，我出生、长大的海边渔村里没有干这一行的。

过了二十五岁，我才亲眼见到了名副其实的铁匠，是在韩国首尔郊外的民俗村。这个再现朝鲜李朝时代民众生活的民俗村，也展示了当时如何打铁：铁匠手拉风箱，点燃焦煤，将铁块烧到炽热，叩击成型，做出铁器。我请演示的铁匠做了一把李朝时代卖糖小贩招揽生意用的糖剪子（就像日本卖豆腐小贩招揽生意用的喇叭），买了下来。

铁加热之后便可加工塑形，道理和扭糖人一样，以前我得知

1　歌谣曲：日本昭和时代的流行乐。

于书本，这却是第一次在铁匠铺子里看到。原来打铁那么有意思，甚至让我想要一试。

我是看了锻铁的现场演示而产生跃跃欲试的冲动，接下来要介绍的锻造家藤田良裕，则是看了锻铁成品而萌发了尝试的冲动。

锻造是一种造型艺术，所以，我以为藤田先生是某个美术大学雕刻专业毕业的，没想到藤田先生学的是文艺学。我问他："是什么让你当上锻造家了呢？"他表示："我妻子在建筑设计事务所工作，喜欢高迪，我俩去西班牙，参观过高迪设计的'米拉之家'和'古埃尔宅邸'，我被其中的锻铁作品打动了，开始向往这种工作。"[2] 据他说，大学毕业后他并不想从事脑力劳动，想干体力活儿，邂逅锻铁可谓天赐良机。再细问他转行时的情况，他欲言又止："我妻子……"足可窥见他转身成为一名锻造家，是多亏夫人的内助之功和无声诱导（操纵？）。

被高迪作品打动的藤田先生回到日本后，拜师在一位杂志上看到的著名锻造家门下，干了五年制作铁窗、栅栏和门扉的活儿。干着干着，他开始想，若能去有锻造传统的地方学习技术就好了，于是奔赴欧洲，在荷兰、奥地利、捷克和德国等地的锻造工坊里修行了一年半，最后于 2006 年正式独立。

他独立后开设的锻造工坊，名为"美术锻造·藤田田"。

"美术锻造"四个字是汉字，写起来笔画很多，而"藤田田"

2　在建筑家安东尼·高迪（Antonio Gaudí，1852—1926）设计的"米拉之家"和"古埃尔宅邸"这两座私宅建筑中，大门、窗格、露台等设施均是铁艺品。——编注

从螺旋楼梯上方俯视餐厅和起居室。餐桌上摆着藤田夫人做的丰盛小吃。

却是平假名，看上去平易近人，组合在一起很有妙趣。这种"亲近"，正是藤田先生给人留下的印象。

独立后的几年里，他在大阪的父母家附近租借了一个车库当工作室。车库不仅狭窄，租金也高，于是他想寻找一处合适的地方把家和工作室一起搬过去。找了几年，终于找到了琵琶湖西北的安昙川附近。这块距湖西铁路安昙川站十分钟车程的土地附带着旧屋，原本是一位经营建筑施工公司的造屋木匠的住宅兼工作间，由于公司经营不善而被迫出手，售价极其便宜。（我只问了一下大体金额，听到答案后简直不敢相信自己的耳朵。）

藤田夫妇买下这块土地的两个月后，机缘巧合，在高松市"町之 Schule 963"商店里遇到了建筑师 K。夫妇二人以前在杂志上读过 K 的文章，很认同 K 的住宅观和设计风格。如此"千载难逢"的机会怎能轻易放过，于是他们走过去自我介绍，当场提出，想请 K 来做旧屋的改造设计。未料 K 也马上答应了。这对夫妇怎么想的，初次见面就请人干活！建筑师 K 更绝，和对方素昧平生，连旧屋的具体环境和具体情况都一无所知，就接下了工作，真有这样的建筑师啊！（老实说，我就是这一类型。）

就这样，藤田家的改造计划开始了。

藤田夫妇买下的土地面积约为 1058 平方米，主屋是一座使用面积超过 430 平方米的大房子。此外还有一座 100 平方米的木匠工作间和一个 20 平方米的办公小屋。

原来的屋主是造房子的木匠，对他来说，盖自己的房子自然是小菜一碟，所以又给原本就相当宽敞的主屋做了增建。可惜刚一开始，他的建筑公司就倒闭了，留下一座空荡荡的徒有屋顶和

藤田夫妇的家，坐落在宽广的农田里。左边覆盖着屋瓦的
部分是住宅，右边人字形屋顶下是打铁工作间。

墙壁的房子。

　　建筑师 K 做过现场考察后，提议"旧屋不要动，只改建空荡荡的增建部分和连接部分就好"。因为改建费用有限，只有把改建面积缩减到最小限度，才能压低成本。建筑师 K 的想法是，只须把增建部分改造成一家人的生活中心——起居室、餐厅以及可以让厨艺高超的藤田夫人大展身手的厨房，这样就够了。藤田夫妇对 K 的作战计划毫无异议——也产生不了异议，我能猜出来，是有限的预算阻止了他们。藤田夫妇拿出一个具体金额，交给 K："一切委托给您看着办吧。"

　　接受了全权认命的建筑设计师，一定会毫无保留地用尽全力。（作此断言，是因为我就是这一类型。）旧屋中央有一个天井，K 在现场考察时发现，这个光线幽暗的天井，实际上并未起到采光或通风作用，他意识到"这里必须得改"。等基础设计稿出来时，幽暗天井变成了上带天窗的开放式楼梯，并设计为铁制螺旋楼梯，仿佛这个家的标志物。通过楼梯走上二层，是一个铺着榻榻米的卧室，趁孩子们还小，全家可以同床共枕。二层设置了两个小窗。我猜测 K 的设计意图是，透过窗户能看到楼下起居室和餐厅里的情景，小窗起到了传达消息的作用。

　　据说关于铁楼梯还有一个愉快的插曲。

　　K 在设计阶段就想好了，要请屋主藤田先生制作这个螺旋楼梯，实际目的当然是为了节省工钱，从"教育"意义上说，"借此机会，可以扩展一下锻造家的工作范围……"或许两种目的皆有？我忘记问了。总之，建筑师给客户出了个难题。

　　让我们回到起居室和厨房。这里有打通一层和二层的高顶棚厨房，放置了最少限度的家具，白色墙壁前放置着一个大铁炉。

从起居室看向餐厅和厨房。左侧带着烟筒的黑色方块体，
是藤田夫人做饭的得力助手——一台厨房铁炉。

1

1 K向藤田先生布置下制作螺旋楼梯的作业，正在赶作业
   的藤田先生。据说这是他第一次做楼梯。

2 改建前此处是光线暗淡的中庭，现在大变样！成了一
   个光线柔和而明亮的楼梯空间。

生活艺术家的手作私宅

2

生活艺术家的手作私宅

"美术锻造·藤田田工坊"里的模样。如果
不是最里面有一台焦煤炉，这里简直就像
一个加工车间。

锻造家　藤田良裕

顺便一提,这里的气氛让我想起了震颤派[1]教徒简约而朴素的居室。

最后,我想介绍一下藤田先生的锻造工作间。

一踏入与主屋分隔的宽敞工坊,就感到这里是一个男人干活的空间。通过金属加工机械和道具,传来一种"用体力创造"的热意和元气。

工作间里的机械和工具都是我没见过的。木匠的工具我还算熟悉,锻造机械则完全无法从外观上分辨用途,唯一共同的印象是特别冷硬,特别重。虽然藤田做的不都是铁器,但我想整座工作间的氛围,很适合用"有一股铸铁味儿"来形容。

对了,说到热意,工作间东侧的墙壁上,有一座焦煤炉。

我问藤田:"能不能请你当场演示一下?"他一听,立刻变身成了铁匠,点燃焦煤,烧热铁棒,锤击,再转扭数下,就做出了一个类似牛鼻环的铁圈。

我在边上,看了一场十五分钟长的"叮叮当当叮叮当"秀。

---

1 震颤派(Shakers):又译为"夏克教",全称为"基督再临信徒联合会",1774 年由安·李(Ann Lee)建立,现已基本消亡。震颤派的设计风格一向以朴素简单、手工艺精湛和追求实用性而备受青睐。

生活艺术家的手作私宅

1　将烧红的铁棒放到锻造机上击打成型，藤田的眼神多
　　么认真。
2　经过烧热、锤击和扭曲做成的铁环。用途是什么？镇
　　纸？餐巾环？都不太像。

拉风箱吹旺火苗，藤田将铁棒放到
火上烧热，我在一旁认真观看。

　　　　　　　　　　生活艺术家的手作私宅

后 记

对不起，请让我先坦白一件事。

本文介绍改建藤田邸的建筑设计师时，我简称他为"K"。这个 K，其实就是"Kobun"[1]的首字母，也就是我啦。我在文中之所以没报真名，有几个原因。首先，我不想强调"这是中村好文设计的房子"，而希望读者把视线集中到藤田良裕这位锻造家的性格以及对待生活和工作的态度上。现在看来，我的小伪装好像意义不大。文章一发表，好友马上打来电话问："这个 K，就是好文你自己吧？"大家早就看穿我了，见笑啦。

接下来，让我端正姿势再说几句。

我在杂志上连载"走进艺术家的家"时，前八次在日本国内的采访，照片都由摄影师相原功先生负责。第九次是在国外采访，相原先生没有同行。采访结束后不久，我就听说相原先生病倒了。这一次采访藤田工作室时，据说他已经表示"这次我要去"，但病情一直不见好转。是雨宫秀也先生临危救场，担任了摄影师。这之后未过很久，相原功先生因病去世了。

我们原本约定在文章集结出书时要痛饮一场，庆祝工作圆满结束。可惜事与愿违，心愿再也不能达成，这让我非常痛心。

在此，我想将这本书献给摄影师相原功先生，并献上衷心感谢，我会永远记住这份友情。

1　"Kobun"是作者中村好文（Nakamura Yoshifumi）名字中"好文"两字的另一种发音，被他的朋友们用来作为他的昵称。

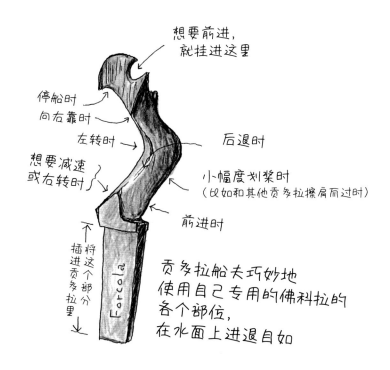

想要前进，
就挂进这里

停船时
向右靠时

左转时

后退时

想要减速
或右转时

小幅度划桨时
（比如和其他贡多拉擦肩而过时）

前进时

将这个部分插进贡多拉里

Forcola

贡多拉船夫巧妙地
使用自己专用的佛科拉的
各个部位，
在水面上进退自如

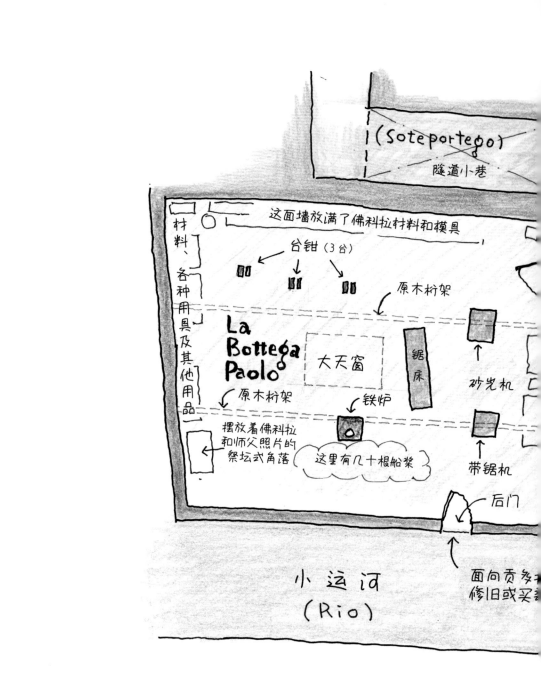

(Soteportego)

隧道小巷

材料、各种用具及其他用品

这面墙放满了佛科拉材料和模具

台钳（3台）

原木桁架

La Bottega Paolo

大天窗

锯床

砂光机

原木桁架

铁炉

带锯机

摆放着佛科拉和师父照片的祭坛式角落

这里有几十根船桨

后门

面向贡多拉
修旧或买卖

小 运 河
(Rio)

道路

拉

保罗·布兰德里西奥

"保罗啊，你就像神赐予我的使徒。"

一直到高中毕业，我才离开故乡的海边小镇。那里有一条河——作田川。

　　从作田川入海口到九十九里海滨，这一段海岸是"片贝海水浴场"，每逢夏天，便有附近城镇的游客蜂拥而至，非常热闹。在海水浴场正式开业半个月前，游客还可以在一家名为"铫子屋"的小铺租船在河面上划，船上挂着苇帘遮阳，暑假气氛十足。

　　铫子屋里大概有十五艘小船，此外还有由船夫撑橹前进的木船。撑橹前进的木船比平底小船速度更快，船体更稳，如果游客的小船太靠近海，被涌来的海浪掀翻，木船此时就会作为快速救助船去救急。

　　撑橹划木船的样子很帅气，孩子们都渴望驾驭它。

　　具体缘由记不清了，总之我运气很好，铫子屋的老掌柜教过我几次怎么撑橹。但对一个刚上四五年级的小学生来说，只能算摸过几次船橹，不可能学会怎么撑船。记得当时只让船头左右晃悠了几下，前进了一段若有若无的距离，撑船的私人授课就结束了。

　　这段年少时期的撑船体验发生在五十多年前，连我自己都记忆模糊了。2015年初夏，我过了两个月的"威尼斯生活"，其间贡多拉船夫熟练的撑船技巧几次让我看得入迷，小时候的撑船经历仿佛电影里的一幕，浮上了脑海。

　　细说起来，数次观察贡多拉[1]船夫撑船后，我发现橹和船体之间有一个支点部件，这个部件叫作佛科拉（forcola）。贡多拉船夫通常站在船体的后方左侧撑船，而橹，则通过船体右侧的橹架佛科拉伸向水面。佛科拉设置在船体外侧，酷似掰手腕游戏时向上弯曲的手臂。佛科拉的顶端和下方，有着复杂的凹凸曲面，贡多拉船夫要想让船进退缓急自如，比如后退、转弯、停顿、泊船，靠的是将橹撑在这些不同的曲面上。船夫们的手劲儿也很巧妙，时而将橹轻置，时而用力按压，或者顺着力道。说白了，佛科拉就像汽车上的换档杆。它实用又方便，形状复杂而优美，让我心动不已。

　　有一天，我无意中对住在威尼斯的朋友说起："贡多拉上那个佛科拉真是巧妙，外观像件雕刻作品，有意思。"没想到他马上回答我："你如果感兴趣，正好我有个好朋友是佛科拉工匠，想去参观一下他的铺子吗？"

　　佛科拉工匠保罗·布兰德里西奥的工作室，位于距离圣马可广场徒步五分钟路程的城堡区。从游客熙攘的街道拐进旁边小巷，在一种叫作"Soteportego"的廊下通道路口左前方，有一座平房，这就是保罗先生的工作室。在威尼斯散步的一大乐趣，就是走进与热闹大街仅一步之隔的小巷里，去寻找这样不起眼却踏踏实实的工匠铺子。保罗的铺子很不起眼，如果细看，就会发现大门外两侧立着

1　贡多拉（Gondola）：威尼斯最具代表性的传统平底小船，船体两头高翘，周身漆黑，由一名船夫在船尾掌橹操作，是威尼斯城内的主要交通工具。——编注

两根宛若门柱的佛科拉，低调地告诉偶然路过的行人，这里是一家只做佛科拉的工匠铺子。

我和友人在门口向里面打招呼："Chao！"[1] 保罗走过来迎接我们，他沉稳又亲和，脸上没有任何惊讶兴奋的夸张表情，就像我们是他五分钟前刚接待过的客人。他有一头鬈发（不如说是一头乱蓬蓬的碎卷儿）和明亮的大眼睛，下身套一条蓝色牛仔裤，上身系一条皮革短围裙，周身利落，脸上总挂着一副沉浸于工作的专注表情。工坊也布置得简单朴素，让他看起来就像一位中世纪工匠。保罗不时停下手里的活儿，用沉稳的声调与我的朋友交谈。我不懂意大利语，当然不知道他们在说什么。他见我正歪头困惑，马上解释说："请自由参观，拍照也请自便。如果有问题，我会一边干活一边回答。"

我先在这座有着人字形屋顶和原木桁架的工坊里参观了一圈，之后，通过朋友翻译，听保罗讲述他的工作。保罗说，现在威尼斯约有四百五十多位贡多拉船夫，其中一百五十多人所用的佛科拉，是由他的工坊负责制作的。他不仅制作佛科拉，还负责依照船夫们各自不同的情况做修改。贡多拉船夫容易犯腰疼的毛病，年龄、臂力和用力癖好也各异。用保罗的话说，他就像一位裁缝，在给船夫们量体裁衣。此外，他还修理船橹。顺便说一下，制作佛科拉用的木料，大多是树龄八十年左右的胡桃木、梨木或樱木等果树类，做好之后，要涂上一种叫作"帕艾里诺"的亚麻籽油。

就这样，我听着他的讲解，不知不觉地，眼光被吸引到一处角

1　Chao：意大利语，表达"你好"或"再见"的问候语。——编注

小巷中的工坊。威尼斯似乎很少有一层平房。不少观光客被门口的佛科拉吸引过来，满脸好奇地从门口窥看里面。

1

生活艺术家的手作私宅

2

1 有着人字形屋顶、原木桁架的工坊内部。阳光从天窗照
   射下来，照亮了这座从他学徒时代起就未改变过的工
   坊的各个角落。正在修理船橹的保罗。
2 正在使用老式锯子的保罗。老式工具和室内氛围相互
   映衬，如入中世纪工坊。保罗身后的门口处经常有观
   光客站立静观。

落。原因很简单，阳光透过天窗渐渐变换角度，刚才还幽暗的角落，此刻被照亮了，仿佛得到了福祉，展现出一种神圣气氛。

我马上走过去细看。这个角落布置得像个展示台，林立着十五六根佛科拉，在柔和阳光下，每根都有着不同的表情和形状，让人感到它们不仅仅是支撑着船橹的一个零部件，无论从哪个角度看去，都像雕刻作品的雏形。假设将佛科拉放大成五米，改用青铜铸造，再摆放到路易斯安那现代艺术博物馆的草坪上，观众想必会感叹："不愧是亨利·摩尔[1]的作品，就是动人呐！"正当我胡思乱想着，忽然发现佛科拉后面摆着一张照片。照片上的年轻人双手撑腰，一位老者正上半身前倾，面向青年热烈地讲述着什么。看那一头乱卷儿就知道，青年显然就是保罗。那老人又是谁呢？

接下来要说的，就是听保罗讲的"师徒物语"了。

保罗于 1967 年生于威尼斯，是土生土长的威尼斯人。他从小就喜欢做手工，尤其喜欢木工，经常削木头玩儿。他的伯父很喜欢他，有一天，伯父对他提议："既然你这么喜欢木工，那就认真去做一次。"在伯父的鼓励下，他十六岁时第一次模仿成品做了一个佛科拉，然后带着自己的作品，去拜访了著名的佛科拉工匠约塞佩·卡卢利。这是他们的初次见面，保罗尊敬地称呼卡卢利为"大师"（接下来我也将这么称呼），他将自做的佛科拉拿给大师看。那时，卡卢利先生已经年近古稀，他看过少年保罗的制作后，提了很多具体意见。告别时，他将一些制作材料作为礼物送给了保罗，似乎是希望下次

---

1 亨利·摩尔（Henry Moore, 1898—1986）：英国雕塑家，以大型铸铜雕塑和大理石雕塑而闻名，他的作品外形多曲线，又以主体上的空洞为主要特征。——编注

祭坛式的角落。林立着的佛科拉中，摆着一张值得珍藏的
照片，是年轻时的保罗和已故的卡卢利先生的一张合影。

见面时，保罗会带来用这些材料制作的新作。其时，保罗正在工业职业高中的电气科上学，可他对专业不感兴趣，终于在高中最后一年十七岁时下定决心，正式向卡卢利先生拜师，帮助师父制作佛科拉和修理船橹。大师心脏不好，当时已准备退休，所以在一段不长的时间里，他热心教授了保罗很多东西，并对他说："保罗啊，你就像神赐予我的使徒。"大师是虔诚的天主教徒，也许他认为，这位与使徒保罗同名的少年"从天而降"并非偶然，一定是天意。保罗讲这段往事时，语调低沉而恬淡，对我来说，这真是一段动人的"佳话"。四年之后的 1988 年，随着大师住进医院，二十一岁的保罗从师父手中购买并继承了现在的店铺，正式出师。他买下的不仅是房子，还有师父留下的各种加工机械、工具、模具、配件等制作佛科拉所必须的全套用品。购置资金来自他的父母。

卡卢利先生于 1999 年去世，在采访的最后，保罗满怀感慨："对我来说，大师是一个父亲般的存在。"

威尼斯有一种名为"Vaporetto"的水上巴士，还有横渡运河时乘坐的贡多拉渡船（Traghetto）。我尤其喜欢乘坐这种渡船过河，每次在船上都会认真地想，"如果我能当 Traghetto 船夫该有多好"。想归想，我小时候没学会撑船，现在这把年纪了，学会撑贡多拉，怎么可能呢！

1

2

1　将佛科拉用台钳固定后，用一种叫作铣的工具削出曲面。佛科拉用的是硬质木材，这实在是一项考验臂力和耐心的工作。

2　贡多拉船夫从水路绕到工坊后门请保罗帮忙。

1

2

生活艺术家的手作私宅

1 保罗住在距离工坊步行十分钟路程的平民区的一处公寓
  里。走在小巷里，头顶上晾晒着各色衣服，十足的老
  城区味道。

2 保罗的住所位于公寓顶层。到处可见他自己做的家具和
  橱柜。（他是木匠嘛！）房间各个角落打理得整齐干净，
  简直不像独身男士的房间。

保罗停下手里的活儿，回答我的提问。乱蓬蓬的鬈发、乱蓬蓬的胡子、大大的眼睛、皮革短围裙，仿佛能直接走到摄影机前，扮演一个老到又个性的角色。天窗射下的阳光照亮了他身后的"祭坛"。

　　　　　　　　　　　　　生活艺术家的手作私宅

后 记

多年来，我在某私立大学当老师，教授建筑设计和家具设计，六十五岁时，我退休了。

过了六十岁后，我心里一直有个念头：等退休后一定要休一个长假，在国外某个城市住上一阵子。说是"国外某个城市"，其实我早就认准了，对，就是威尼斯。

最近十年间，每年我都要找理由去一趟威尼斯。就这样，在多次走街串巷的散步和探索后，我发现威尼斯并不仅是游客蜂拥而至的世界观光之都，只要从热闹喧嚷的观光路线上离开一步，走进小巷，就能看到真正的威尼斯人安稳妥当的日常生活。出乎我意料的是，小巷深处有众多手工作坊，雕刻家的工作室、鞋匠工坊、彩色玻璃铺子、大马士革花缎工坊、湿拓画工坊、活版印刷厂，等等，不一而足。因为这些小铺，我更喜欢这座城市了。四年前干脆租下一套公寓，每年初夏都在威尼斯住一两个月。

佛科拉是贡多拉船上支撑船橹的一种部件，佛科拉工匠保罗的工坊位于幽暗小巷一角，距观光路线只有一步之遥。他的店门旁竖着路标似的佛科拉，再凝神细看，就能通过敞开的大门看到正在里面忙碌工作的保罗，和他那一头乱蓬蓬的鬈发。

采访结束后，我在附近散步，转回保罗的门口时照例问候了一声："Chao！"保罗还是那副平稳不惊的表情，向我们点点头，俏皮地眨眨眼："Chao！"

佛科拉工匠　保罗·布兰德里西奥

绵引先生勾线时
使用的树脂针管

画家绵引明浩的
画室兼住宅

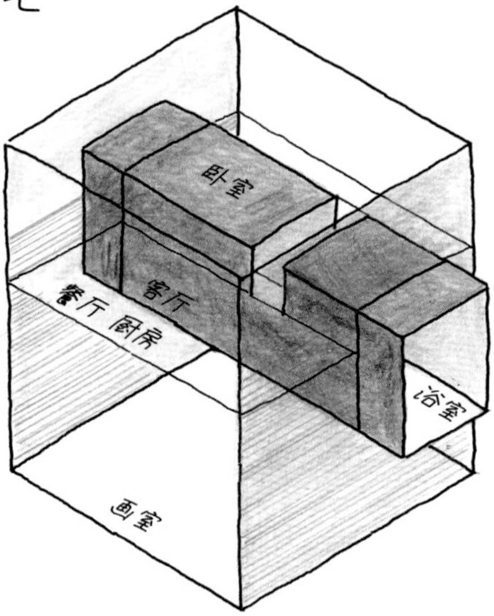

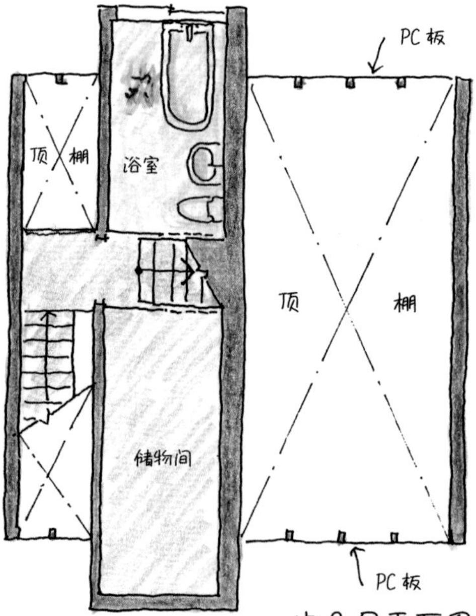

画室

卧室

餐厅 厨房

客厅

浴室

床

浴室

顶棚

PC板

顶 棚

储物间

冲洗

作品

PC板

中2层平面图

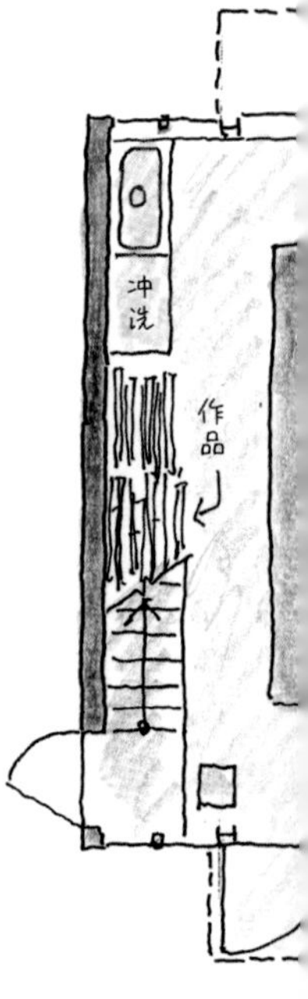

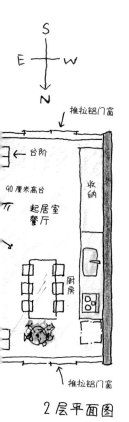

S
E ⊕ W
N

推拉铝门窗

← 台阶

收纳

90厘米高台

起居室
餐厅

厨房

推拉铝门窗

2层平面图

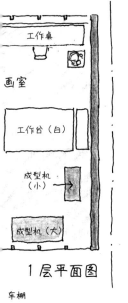

工作桌

画室

工作台（白）

成型机
（小）

成型机（大）

1层平面图

车棚

绵引明浩

能令住宅保持这种状态，

靠的究竟是什么呢？

性格？信念？意志？执念？审美？

已故的建筑家宫协檀先生（1936—1998）在二十多年前的一个秋天忽然打电话给我，说位于千叶县习志野市的日本大学生产工学部新近成立了一个专为女生开设的"住宅设计塾"，由他担任主任教授，所以他邀请我去做临时讲师："一起干吧？"

　　"住宅设计塾"几个字确实令我心动，但那段时间，我每周要去其他大学讲一次课，平日还要打理自己负债经营的设计事务所，穷得叮当响，又忙得不可开交，恐怕挤不出时间，就郑重地致谢后回绝了："实在遗憾……"宫协先生一听我这么说，就立刻换上一种"兄弟间聊天"的语气："等等，中村君，这可是专向女生开设的课程，氛围可好了。"

　　这位能代表日本的建筑家说出这种话后，就和一脸青春痘兴冲冲地拉着同学说"去约会呀！"的高中男生没什么区别了。这种大大咧咧、略带一点"轻浮劲儿"，是宫协先生身上讨人喜欢的一面。接着，他向我阐述住宅设计塾充满独创性的教育方针和他的想法，语调飞快，满腔热情。听着听着，我眼前对课堂就有了实像，开始动起来了。我回复他："我好像能挤出时间，讲师的工作，我接了。"

　　就这样，我在日本大学讲授建筑设计和家具设计的课程，一直持续到了现在。

　　住宅设计塾的正式名称为"居住空间设计课"，宫协先生担任初代塾长，我是他的继任。这次要介绍的画家绵引明浩的画室兼住宅，就是我的塾内同事——渡边康先生设计的。

渡边和绵引是东京艺术大学的同学，他俩同属艺大的山野俱乐部，一个担任队长，另一个是副队长，所以两人之间的信任程度和来往频率，远超一般同学。绵引的住宅便是从这种关系中诞生的，渡边将其命名为"SET"，八年前在建筑杂志（《住宅特集》，2006年2月号）上发表过。为什么叫"SET"，我们稍后再提，先来实地参观一下吧。

七月的一个酷暑之日，我去拜访了位于埼玉县吉川市的SET。这是一座箱型的房子，中间有一个四方箱体凸出在外。我们把车停在房子边上，刚一下车，埋伏在车外的灼热阳光仿佛迎面将一口烧热的巨锅倒扣下来，热得我头晕目眩。就在这时，我看见耀眼阳光下，绵引夫妇手执团扇，笑盈盈地向我们走过来。

渡边先生介绍绵引夫妇时是这么说的："绵引是个特别好的人，太太也很好。"

这样的介绍让我们的初次见面变得很放松。听说绵引先生是以第一的成绩从东京艺术大学毕业的画家，我原以为会看到一位"长发梳成辫子，蓄须，眼神锐利，神情很酷"的艺术家，见面后才发现，他身上没有任何所谓的艺术家常见的"怪异个性"和"难伺候的坏脾气"。也许因为他的长相令我想起高中时的物理老师，所以觉得他更像一位认真耐心的班主任。

首先要参观的是他的画室。

车棚边上的双开大门后面，就是画室。大门上方正好挨着凸出的箱体，这样，玄关前就有了屋檐。画室地板的高度几乎和室外车棚地面一致，名副其实的"门槛儿低"。因为不需要换鞋，于是有

1

2

1　从车棚前看到的 SET 的北侧面。北侧部分的"空盒"
　　是储物间。
2　从南墙上凸出的"空盒"。南侧这部分是浴室、厕所和
　　洗脸间，绵引先生表示，"再向前凸出一点就好了"。

种"毫无知觉地就从外面走进室内了"的感觉。但轻松嘻哈的心情到此为止,一进到画室,马上感受到一种凛然气氛,令我不由自主地端正了站姿。画室内部每个角落都收拾得极其整齐有序,纤尘不染。无论是大型成型机,还是各种画材、资料、书籍、捆包完毕的众多作品,都按照不同收纳规则,严谨地各就其位。这种高度整洁,让房间里充满了一种不容侵犯的秩序感和肃穆气氛。

这就是画室留给我的第一印象:整齐秩序,清洁严谨。

这栋名为 SET 的房子的最大特征,用大白话解释来说,就好像将"コ"这个形状,逆时针转成了"冂"形,再在中间的空洞里,横向插进一个长方形的"羊羹空盒"(请参照本书 190 页的格局图)。经过这种处理,房子内部诞生的各种空间,就可以简洁地分为创作空间和生活空间。

渡边设计师在杂志上解释这个有趣的空间构成时,附上了数学概念"SET"(集合)和"SUBSET"(子集)的概念图。瞧,他就不用"羊羹空盒"这种通俗比方,而是拉开教养的抽屉,平静地取出了"数学",令人不能不佩服!

画室顶棚高四米,空间显得十分敞亮,南墙和北墙是一整面的乳白色聚碳酸酯板(PC 板)波形墙,这样一来,室内充满着经过反射后扩散开的自然光线,有了一种宛若通过纸门窗取光的日式房间气氛,寂静而安神。对画室来说,最重要的是充分的亮度和安定的光线。这间画室既有足够亮度,又不乏经过调控的自然光质感,对素以笔致细密而著称的绵引先生来说,正是一个完美的创作环境。

PC 板与玻璃不同,这种稍显廉价的材质如果用作建筑物的整面外墙,难免令人担心其强度和持久性,而 SET 有大面积 PC 板外墙,可见设计师和屋主在心里都做过割舍计算。屋主思考透彻,有

1

1　正面看到的两个黑色四方体，正是横贯
　　在房屋正中的"羊羹空盒"式箱体。左
　　侧箱体内部是储物间，右侧内部是浴室、
　　厕所和洗脸间。从这里可以看到，90
　　厘米的高台上摆着床垫。

2　画室顶棚高达四米，十分敞亮。自然光
　　线通过乳白色的 PC 板照进室内，显得
　　柔和而明亮。

2

供了最合适的光线。为制作铜版画而设置的大小两台成型
机就像镇守画室的主人，存在感十足。

决断力，而积极使用 PC 板素材也体现了渡边设计师的个性、胆识和品位。毋庸置疑，绵引先生决断力的背后，是他对建筑理念的理解和对渡边的信任。

站在画室里仰望，可以看到那个"空盒"横亘而过，正冲向 PC 板墙壁。

沿着"空盒"左侧的十一级台阶，走上"中二层"（一层和二层之间的阁楼式空间）的台阶转弯处，接着经过设置在裂缝状的"空盒缝隙"里的七级狭窄台阶，就来到了起居室、餐厅和厨房。刚才我写到画室如何整洁，而此处的整洁秩序则更彻底，纯然一处静寂闲雅的空间。目之所及，只有餐桌和座椅，水龙头边上的烧水壶，柜上的小型电视机，观叶植物，还有固定在墙上的一块横板，上面清丽地陈列着绵引先生的几件人偶作品。除此之外，别无他物。

看着这样的室内，不管我愿不愿意，事实上都让我醒悟到，只有充满东西的空间，才需要"收拾整理"。能把住宅维持在这一状态，靠的究竟是什么呢？性格？信念？意志？执念？审美？无论靠什么，其根本，都是一份对生活方式的细密验证和珍视。

我看看面相温厚友善的绵引夫妇，再看看静谧的室内空间，心中不由得升起一番敬意。

进一步深入思考，正因为室内简素整洁，才更凸显了整座建筑结构的巧妙，两者相辅相成。

一层的 PC 板墙壁一直延伸到起居室地板上方 90 厘米处，之上是横拉式的透明玻璃窗和铝质窗框。坐在餐桌上望向窗外，四周住宅的屋顶从视野中消失了，只看见一片蔚蓝夏空。此外，这个 90 厘米，也是餐厅旁（"空盒"上部）卧室空间的地板高度。虽说

1

2

1 小型成型机和用这台机器制作的小幅铜版画的合集。想
  必很多铜版画家憧憬着这台机器。
2 针管里装满颜料，绵引先生为我们演示用针管描绘细
  密线条。

生活艺术家的手作私宅

二层北侧的餐厅部分。生活
用品都收拾得清爽干净。钢
质餐桌椅是渡边康先生设
计的。

是卧室，但只是整个二层空间里的一个角落，若想上到卧室里，要踩上设置在空盒侧面的两块登板。两块窄板之间高度相差 30 厘米，如果不习惯，就必须小心翼翼，费上点力气。但只要上去，就势在地板的矮床垫上一滚，想必就会有种躺在空中浮游木筏上的感觉。

如果希望体会更深的浮游感，裂缝台阶南侧还有一个吊床。

返回来说说刚才经过的"中二层"，也就是横插进来的"空盒"的内部。以裂缝为界，空盒的北侧是细长的储物室，里面整齐地收纳着生活用品和个人物品，洗衣机也在这里。南侧是宽敞的浴室、厕所和洗脸间，一个大大的浴缸面向南窗。

在我看来，SET 这座房子十分考验屋主的"居住能力"。毫无疑问，绵引夫妇从中发现了自己的舒适和愉悦，确立了自己独有的"居住逻辑"，悠然自乐。这次盛夏午后的参观拜访给我留下深刻印象，让我重新考虑了建筑师和住户的关系，建筑与生活的关系。

一个大大的浴缸面向南窗。

画家　绵引明浩

我询问作品的手法，

绵引先生正准备认真作答。

生活艺术家的手作私宅

后　记

我在文章一开始就写到，去采访那天有多么炎热。

抵达那里的情景，至今记忆犹新：绵引夫人若菜女士递给我们团扇，我们一口喝干了冰镇饮料；说话途中，夫人又端来雪糕（是我从小就喜欢吃的那种），大家笑着一口一口舔着吃了。因为天气炎热，绵引先生还为画室里没装空调而抱歉，但非常奇妙的是，身处其中，我丝毫不觉燥热，反倒有一股沁人的凉意。这种感觉至今还残留在我身体里。

无一处不整洁、未染纤尘的画室内充盈着经过乳白色 PC 板过滤后的自然光线，现在想起来，那种清澄的空气感，或许让我无意中联想起了漫漫高原的晨雾。

采访结束后不久，我收到绵引先生寄来的个人作品展的请柬，立刻动身去了位于涩谷的艺廊，认真观赏了他笔致细密的作品。每一张作品里，都蕴含着画室内部的沁凉空气。我买下了其中空气感最充盈的一幅，画的是一间可爱的树屋。

我买的第一件
武田武人先生的陶器作品
（茶壶）

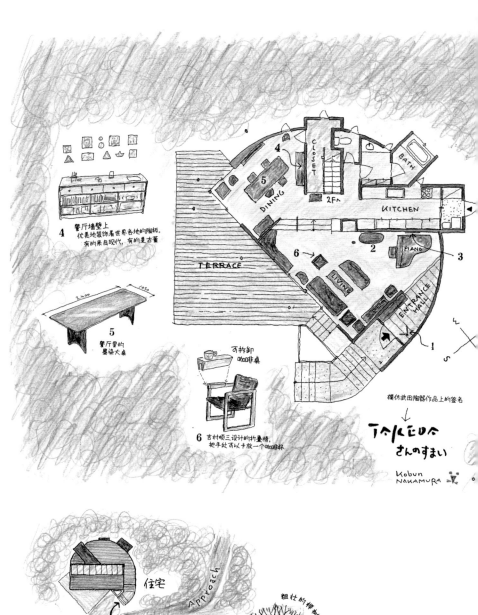

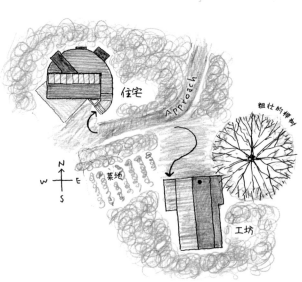

陶艺家

武田武人

住宅的好坏，不是由设计主题、样式、精细程度等
建筑意义上的优劣决定的。

吉村顺三（1908—1997）先生是我从学生时代起就很敬仰的建筑家。1976 年晚秋，我入职了吉村先生的设计事务所。那时我刚过二十八岁，还是个没什么经验的小青年。

　　住宅设计方面，吉村是被誉为"无人能出其右"的专家，同时也是家具设计的名匠。我从学生时代起，就决定将住宅设计和家具设计作为终生事业，但我没有一开始就涉入建筑设计行业，而是先去东京都立品川职业训练学校的木工科学习了一段木匠课程。当时想沉下心来好好钻研一下家具设计，于是恳求吉村先生，收我作他的家具设计助手，先生同意了。

　　我在吉村设计事务所的四年时间里没有做建筑，一直在吉村先生手下做家具设计（而且主要是设计折叠椅）。说起来是工作，但家具设计只是吉村先生的余兴之技，就像一种兴趣爱好，所以我这个助手的工作很轻松，不像其他做建筑设计的人要赶工、要加班。我每天朝九点半至晚五点半工作，之后就是自由时间，下班后我总是到处闲逛一番才回家。

　　最常去的地方就是"古道具坂田"。

　　坂田和实先生经营的这家店，正好在从吉村事务所到目白车站的路上，所以我养成了回家时顺路进去和坂田先生闲聊几句的习惯。

　　当时，目白附近还有一个我常去的地方，那是一家名叫"三春堂"的、书店和手工作品艺廊合二为一的店铺，气氛很好，就像进了朋友家客厅一样。现在，这种手工作品艺廊在日本各地如雨后春笋，当时可不是这样。在我眼里，三春堂是日本手工作品艺廊的先驱。

三春堂面积很小，作为书店，书籍数量有限，但都是店主三春先生精挑细选的美术类、工艺类和建筑类著作，摆放得井然有序。这样一家书店就在我下班路上，简直正中下怀，求之不得。

1978年，我在三春堂里第一次见到武田武人先生的作品。三春堂里不仅卖书，还经营手工作品，所以书架之外的货架和桌子上，优美地陈列着很多工艺作者的陶瓷器和玻璃作品。这当中大放异彩的就是武田先生的陶艺作品。尽管我用"作品"两字代称，但其实都是日常生活中实用的餐具和花瓶。不少陶艺家和玻璃作家的作品太过独创，只能当艺术品摆设，以至于让人暗想："这个艺术品的名字，叫作自以为是吧？"武田先生的陶器可不是这种令人厌倦的工艺摆设，他的作品不仅有独具一格的观赏性，同时也从使用者角度出发，在细节上处理得体贴而实用，所以一下子就抓住了我的心。

令我惊讶的是，他的每一件作品上，都有我"从未见过的质感""从未见过的形状"和"从未见过的色彩"。

我直觉地感到，这些作品贯通着他独特的感受力和卓越的技艺，让我既感到亲切，又满心佩服。

我买的第一件武田先生作品，是一个大茶壶。

这个茶壶有着圆筒形壶身、圆锥注水口、半球型壶盖和"コ"字形把手，是各种几何形状的集合。说到颜色，一句话形容便是幽深的黑茶色，表面微有光泽。茶壶形状、颜色和手感加在一起，和红茶茶壶中常见的小市民气质的可爱风格形成了鲜明对比。第一次看到这个茶壶时，我脑海里浮现出两个字："军舰"。再仔细看看，又觉得如果把这个陶器放到熔炉旁的话，神似一个沾满了机械润滑油的钢铁制品零件。

对了，我忘记说了，茶壶的圆筒形壶身下，配着一个稍大一圈的底座似的部件。这样一来就更不像茶壶，而愈发接近工业零部件了。而且这个茶壶身上，隐约有种早期包豪斯设计的味道（比如露西娅·莫霍利[1]摄影作品中的气质）。

那时，武田先生每年在三春堂举办一次个人作品展，不用说，我肯定在开展第一天就跑过去看（从事务所到三春堂仅须步行五分钟），从微薄工资里挤出一点钱来，买下喜欢的作品。

忘了是何时、又是谁告诉我，"武田先生住在伊豆，房子是他自己盖的"。听闻此言，我非常想参观一下武田夫妇的住宅，看看他们的生活场景，于是一番打听联络，就闯了过去。（那会儿我脸皮厚，不仅贸然闯去参观，还在人家家里吃了饭，住了一宿。）

武田先生自建的房子，是在轻钢筋既成房屋（所谓的施工现场临时小屋）的外墙上贴了杉木板，涂上深蓝色漆而建成的，内部则按武田夫妇的喜好设置。从建筑学角度看，房子在结构和性能上都朴素之极，（尽管这么说很失礼）是所谓的"廉价住宅"。但经过武田夫妇独特生活方式的浸润，升华成了一座充实而富足的住宅，丝毫不显廉价。

眺望外观，窥看室内，我脑中不断浮现位于洛杉矶的查尔斯·伊

---

1 露西娅·莫霍利（Lucia Moholy，1894—1989）：摄影师，她拍下了大量关于包豪斯建筑和设计的摄影作品，将包豪斯的理念传达给观众，对包豪斯的传播功不可没。——编注

姆斯夫妇的"第8号案例住宅"（Case Study House No.8）[2]。之所以想起，是因为伊姆斯夫妇的住宅也是由造价低廉的工厂既成钢筋结构建成的，外面铺着玻璃和预制板等简素建材，理论上说是一种"盒子"。伊姆斯夫妇在这个盒子里，放置了自己设计的家具，装饰着色彩斑斓的工艺品、民间艺术品、杂货和生活用品，仿佛住在一个大玩具箱里，悠闲又充满乐趣。在我眼中，武田先生的住宅和日常生活，与伊姆斯夫妇重叠到了一起。

这次参观给我留下的刺激和感动，让我至今难忘。

从某种角度说，这次参观可以说是一场"事件"，从此改变了我的建筑观和住宅观。篇幅有限，我无法详述。概括来说，我想是，住宅的好坏，不是由设计主题、样式、精细程度等建筑意义上的优劣决定的，而是取决于住在里面的人的生活品格（也可以称之为屋主的生活逻辑、精神气质）。

建筑师这种职业，往往有一种倾向，就是过度追求独创性，渴望惹人注目，喜欢在作品里添加崭新奇特的造型和难解的理论（按照建筑家的说法，这叫作"概念"），让人赞也不是，否也不是。（当然了，建筑师里不都是这种一心想赢得喝彩的野心家，大多数还是脚踏实地默默工作。）但是，在认真参观过武田夫妇的日常生活后，我想，比起奇异造型和难解理论，家这种东西，首先应是一种大度地包容起屋主日常生活的容器。在此之上，如果还能在里面创造新

2　由著名设计师伊姆斯夫妇（Charles & Ray Eames）设计的这座自宅建于1949年，位于洛杉矶，是20世纪中期现代建筑的一座地标。在《艺术与建筑》（*Art & Architecture*）杂志当初发起的设计评选活动中，它从25件建筑作品案例中脱颖而出，被评为最成功的案例，自宅名称也来源于此。——编注

的生活方式，找到日常乐趣，当作生活舞台，让一座住宅充满着潜在的可能性，才是最重要的。

2017 年冬天，街角商店橱窗里亮起圣诞节灯光的时候，我再一次拜访了武田夫妇。

坐在开往伊豆的特快列车"舞子号"上，望着窗外流淌而过的晴和冬日风景，一直纠缠着我的繁杂工作日程和始终摆脱不开的慢性疲劳感，此时都云开雾散，我的身体和内心一下子轻松起来。远望着温暖的冬日阳光将灰褐色连绵枯山温柔地拥到怀中，那一刻真是至福时间。在伊豆急下田车站下车，从这里去武田先生家，要经过山路，虽然偏僻，一路却是优美的南伊豆风景。

下了出租车，我仰望着被杂木林重重包裹，沐浴在冬日午后暖阳下的武田家，爬上坡路，便看到前来迎接我的武田先生和志信夫人。他们满脸笑容，声音明快："来了啊，欢迎你来！"我与武田夫妇相识已有四十年，这些年间，我听过了多少次这样的问候啊。而走入玄关的我，则说道："我回来了！"

玄关处的木地板，顶端分成两叉的树干做成的衣帽架，立式钢琴和巴赫作品乐谱，钢琴旁的椭圆形玻璃柜——映入眼帘的都是妥当地摆放在"老地方"的"老物件"，既让我安心，又令我想起过去的好时光。我在起居室里的椅子上坐下来，闲聊了片刻，不经意间与摄影师雨宫对上视线，才想起我是来采访的。趁着还没有舒服得不想起身，先去参观一下武田先生的工坊。

人字形屋顶的工坊位于主屋下方的徐缓坡面上，一棵枝繁叶茂的榉树镇守在屋旁。拉开玻璃横拉门，走进工坊，便立刻会感到一

武田先生的住宅兼工坊，融入在南伊豆静稳的风景中。沿
着缓缓的坡路，首先到达工坊，登顶后右手边是住宅。每
次来，都被工坊和住宅之间的位置关系、高低关系的巧妙
所触动。

种艺术家工坊特有的浓密气息。每次来到这里，我都会感到这种让人立正的紧张感。无论武田先生制作的是什么小器物，作品里都蕴含着工坊的这种难以言喻的特殊氛围（或味道）。

虽然我在这里用"浓密的气息"来形容，但也可以换一种说法，那就是工坊里流淌着"浓密的时间"。可以说，工坊里几何形状的石膏模具，各种试做样品，钉在墙上的色彩鲜艳的绘画速写，紧密排列的音乐 CD，架上整齐摆放着的众多作品，都如实地讲述了流淌在工坊里的工作时间多么浓密而孤独。如果站在工坊里侧耳倾听，仿佛能听到工作中武田先生的呻吟叫喊，或终于做出一件满意之作时安心而满足的叹息。

这一次，当我环视工坊内部时，在架子上发现了一排以前没有见过的状若瓷砖的陶板。走近细看，原来是一组电影场景素描——费里尼电影《大路》中的几个重要场景。这些先描画、后烧制的陶板，是他准备在今年作品展卖会上发表的作品。说到武田先生的作品，人们立刻会想起鲜艳的色彩，与他以往的作品相比，这组陶板别有一番情致。

他指着一块块陶板，细致而热烈地给我讲述上面画的是《大路》里的哪些场景，具有哪些意义，安东尼·奎恩和朱莉艾塔·玛西娜的演技如何精彩，故事情节如何动人。费里尼的《大路》我从学生时代起便在放映老电影的影院里看过多次，本以为自己已熟知电影情节，可听过武田先生讲解后，才又恍然大悟地有了很多新发现。

话说回来，我心中依旧有疑问："为什么你要烧制这部电影的陶板画呢？"我想知道他的创作心境。他回答：

"最开始，我想做一组粉蜡笔或蜡笔触感的粉笔画，就像小孩子用粉笔在路面上随心所欲画出来的那种，但始终确定不了画的内

1 陶轮旁边的窗台上，放满了各种色彩和形状的物件。在
   几何形状的器物表面，描绘上充满立体感的"武田式
   彩色纹样"，是他作品的特色之一。
2 武田先生陶艺作品的特点是几何形状的立体造型。工
   坊里到处可见他探索造型可能性的实验痕迹。

工坊内部乍看凌乱，细看的话就会发现各种物件分门别类，井井有条。室内充满严肃紧张的工作氛围，尤其是陶轮周围，仿佛在说"这里是一决胜负的地方"。

容。画花鸟风月？不合当今时代。那就画人物？既然画人物，那就干脆画我最喜欢的电影《大路》里的角色吧。于是事情就这么定下来了。

"我喜欢画画，也觉得自己画得还不错，但一直没展示于人。如今不同了，我年纪大了，觉得该出手了。所以就用粉笔画的笔触画了喜欢的电影场景，然后烧成了陶板。

"你看，画在纸上和烧成陶板不一样，粉笔画的笔触烧好后有种特别的质感，或者说味道。所以啊，这也是一种正儿八经的陶艺。"

其实上面这些话，有一部分是我采访结束后再次电话补问的。话筒那边，他讲述着小孩子用粉笔在路面上画画的情景，我眼前马上浮现出他用粉笔画《大路》的样子，不禁会心地拍了一下膝盖。

武田先生是一位风格多变且不断深化的陶艺家。我们初相识时，每年收到他寄来的个人作品展邀请信时，我总会满心雀跃地想："不知他今年会做什么风格？"如今他年过古稀，依旧在不断挑战新领域。在旺盛好奇心驱使下，一直创造出新意，并加以深化。他有着不见衰退的创作者的心魂，每当我看到这样的武田先生，心中总是充满敬佩。

参观完工坊，再一次回到主屋。接下来，该参观武田夫妇的"家"和"生活状态"了。请允许我再重复一遍，这个家我来过多次，就算没有到"熟悉每个角落"的程度，至少也称得上"比较了解"。话虽如此，这次我是来采访，并非来做客，所以想从建筑视角认真考察一下这里的平面设计和空间构成，倾听居住其中的屋主的率直感想和意见。忘记说了，这所住宅的设计师，是武田先生自艺术大学时代起的友人、以"论客"著称的建筑师野泽正光先生。同时房

烧制在陶板上的费里尼《大路》里的众多场景。在此，武
田先生发挥了"封印"多年的速写潜力。

进入玄关，沿着圆弧形墙壁转一个逆时针的弯，就到了放松舒适的起居室。放松感来自优秀的室内动态流线设计。正面是音响设备和液晶屏幕。此处是乡村，四周没有大都市随处可见的娱乐设施，不方便的同时却也带来了恩惠，人得以全身心地沉浸在视觉和听觉享受里。

生活艺术家的手作私宅

连接着玄关的弧形墙壁。此处地板用的是脚手架板，地板上插着一根枯木，正好挂衣帽，显得很生动。

屋是初期的太阳能空气集热系统住宅，从建筑职业角度也值得一看。

我盘算得很好，可是一进这个家，视线马上被家中摆设吸引走了。柜子里、墙壁上装饰着的各种宝贝令我心醉。随便哪一件家具上都能看到长年使用的痕迹，气质大方。墙上挂着几枚陶板，其精心搭配过的颜色和形状，透露着武田先生的喜好，能看到他倾注于上的感情。

也就是说，房子中每一个细节，都在展示武田家的历史，告诉人们这个家在漫长岁月里经历了什么。房子建于 1990 年，他们搬到此处已经二十七年。

起居室里整木餐桌的对面是一个大沙发，斜对面摆着扶手椅。其中一把是吉村顺三先生、木艺作者丸谷芳正以及我，三人共同设计的"折叠椅"，扶手部位有一处可以放置水杯的小机关，椅背和座面上蒙着皮革，在多年使用之下，质感变得非常动人，微微凹陷，一看便知舒适，诱人落座。

从起居室上三级台阶，便来到了餐厅。说到家具，不能不提摆设在这里的墨染复合板大餐桌。这张餐桌是我 1989 年在六本木"AXIS"设计店铺举办"桌展"时的作品，武田夫妇为祝贺我成功办展而买下了它。看着自己的作品在漫长岁月里被爱惜使用，我由衷高兴。

刚才提到从起居室上三级台阶能进入餐厅，现在我来解释一下整座房屋的平面设计。

房子的一层部分形状很奇特，简单来说是半月形（或半圆形）。几个不同用途的长方形空间配置——厨房、浴室和台阶，分别从水平、垂直和四十五度角等不同角度，"咔嚓！咔嚓！咔嚓！"依次

生活艺术家的手作私宅

南侧宽敞露台的地板高度与餐厅一致，比起居室高出三个台阶。

插进半圆中。插得最深的长方形空间是厨房，其次是通往二层的台阶，最后是浴室。为什么要采取这种设计？我推断设计师野泽先生的设计构思是，把餐厅和起居室等日常活动的部分，和"有特定实效的空间部分"明确区分开，可能这就是武田家住宅的设计主题（上面我说过了，建筑师偏爱一个词：概念）。

建筑家路易斯·康[1]曾提倡把建筑空间明确区分成"Served-Space"（被服务的空间）和"Servant-Space"（服务的空间），意译过来即"主人的空间"和"侍从的空间"。由此，他设计出了"恩施里克住宅"和"索克生物研究所"等杰作。我猜想，野泽先生为友人武田设计的这座住宅，通过在半圆形中插入长方体的设计，实现了与路易斯·康相似又稍有不同的"野泽式Served-Space/Servant-Space"。

说来都是我比较粗心，这么多年了，直到最近我在十二月参观过武田家，看着传送过来的平面图纸手绘再现时，才领悟出这个设计主旨。

一旦意识到这一点，再去仔细打量平面图就会发现，通过切入长方体，半圆形中诞生出了"长方体之外的剩余部分"，这种搭配非常优秀，既区分开了空间，又安排得自然融洽。半圆形和长方体体现出"图与地"的关系。在这里，"地"没有因为"图"而牺牲，"图"也没有对"地"做出妥协让步，处理得十分老到，完全看不到年轻设计师身上常见的毛病——做出一个非常有野心的设计后，才发现

---

1 路易斯·康（Louis Kahn，1901—1974）：美国现代建筑大师，爱沙尼亚裔犹太人，他的建筑作品充满哲思，被认为是超越了现代主义的不朽杰作。1971年被授予美国建筑师学会金质奖章，1972年获英国皇家建筑师学会金质奖章。——编注

"这里没用上""那里放不下了"之类的问题，真不愧是野泽先生。我尤其喜欢洗脸台的设计，做得真巧妙。（我猜，这个细节一定是野泽先生的主意……）

我第一次来这个家，是在房子建成两年后，数来已是二十五年前的事。我在前面写过，当初武田先生的房子是他自己建的，极其简素，落落大方，没有任何刻意或多余之处，我非常赞同他的设计观，并受到很大影响，所以，一直没能理解野泽先生为什么要做出这种半圆形设计。大家都知道，木质建筑适合做直线型空间安排（用大白话说，就是最常见的空间设置），不太适合建成曲线型。不是说用木头造不出曲线，而是与直线相比，曲线需要更长的施工时间，额外花费也更多。而且，费尽功夫和金钱之后，房子的背后被一片杂木林遮掩，从表面上看不到独具特色的半圆形设计，这让我觉得很遗憾。

至于为什么要设计成半圆形，当时我有两种推测。

首先，这座房子是太阳能空气集热系统建筑，即通过空气在房屋内畅通循环，创造出夏天凉爽、冬季温热的舒适环境。要想让此系统高效运作，房子需要建成半圆形。也就是说，我当时以为半圆形是从系统功能中推导出来的。至于说到半圆形设计是否提升了系统功效，提升了多少，我也不清楚，只觉得这种推理比较合乎逻辑。但似乎是我想错了。

其次我猜测，莫非武田先生自己希望房屋设计成半圆形？他是陶艺家，每日在陶轮前工作，对圆形情有独钟。因为武田先生最拿手的就是圆形和其他几何形状的复合造型。如果说是武田先生自己指定了半圆形，似乎很说得通？

生活艺术家的手作私宅

从地面较低的半圆形起居室穿过三级宽敞
台阶望向餐厅。

但在我不经意地问过他之后，才知道这个猜测也是错的。他对半圆形设计没有特别喜欢或厌恶，他最不能接受的是为了一种恣意造型而浪费钱。（他没明说，是我从他语气中推断的。）

无论如何，不难看出建筑师和客户之间对半圆造型的想法有过对抗，如果用大相扑实况解说口吻来定论，便是"双方角逐，最后一方将另一方推出场外，建筑师赢了"。野泽先生设计理念先行，终于建成了一座"野泽式Served-Space / Servant-Space"住宅，半圆造型就是这么来的。（这也是我的推测。）

我原本是来采访的，但没能完成什么像样的提问，光顾着吃点心、喝茶闲聊了。正当聊完了一个话题，武田先生声调一转，仿佛做出了总结："无论如何，有一点我必须要说……"他正了正声色，发表了如下一番坦言：

"我以前也说过，我家最初是自己盖的房子，无论盖得好不好，我心情始终很顺畅。因为没有借他人之力，无须他人指点，自己想怎样就怎样。即使盖得不够好，也是自己的事，要么死心，要么顺势说服自己。一旦请野泽正光建筑师设计房子，住进来之后，不消说，很多地方哪怕是小细节不合自己心意，也会觉得别扭。可能是我要求太多，太任性，总之住进他人设计的房子里，烦心的地方很多。

"就这样住了二十七年，最初十年，心里一直有'不对劲''合不来'的念头，可以说心烦，也可以说是违和感。之后的十年里慢慢习惯了，再之后又过了七年，反而有了感情。最近，我终于觉出了好，感到'这个家真挺不错的'。"

武田先生正说着，志信太太在一个绝妙空档里用她一贯的愉快声调插话赞同："对呀，现在感觉特别好。"这个声音如今也还回响在我耳边。

我一边想着她的话，一边感叹，建筑师虽然能够建构一座房子，但让房子升华成为家和住所的，却是住在其中的活生生的人。武田家再一次为我印证了这个看似平白的至理。

在工坊里谈笑的武田先生和我。工坊里摆满亟待进窑烧制的素陶、试做样品、石膏模具、各种制陶用具和描绘在纸上的灵感雏形，让我目不暇接。再加上和武田先生的交谈，真是充实的一刻。

　　　　　　　　　生活艺术家的手作私宅

后　记

　　我开始在杂志上连载"走进艺术家的家"时，心中就拿定主意，有两个人是一定要采访的，一个是本书第一篇里的前川秀树，另一个就是武田武人先生。

　　正如预期，我首先采访了前川家。武田篇却一拖再拖，最终没能写进连载里。本书写的十四位艺术家中，我与武田先生交情最久，有很多话想说，很多有趣的插曲想写给读者，连载的篇幅里肯定放不下，所以一直拖到了最后。

　　现在，连载整理成书，终于可以写武田篇了，果然，篇幅是其他艺术家的两倍长。这样也好，"幸亏没放进连载里"。

　　武田先生的嗓音是很独特的低音，遣词造句和语气停顿充满个性，话语风趣。最初我很想把武田先生的独特语风如实传达给读者，伊丹十三[1]先生是这方面的高手，擅长"听写白描"，是我模仿的对象。但实际上一遍遍反复听过采访录音，再置换成文字后看，我的听写白描能力实在有限，根本没能再现武田先生的气质风貌，这让我觉得很遗憾。

1　伊丹十三（1933—1997）：日本著名导演，代表作《民暴之女》《蒲公英》等，日本"电影旬报十佳奖"最佳导演、"蓝丝带奖"最佳导演。——编注

文章一览

"雕刻家　前川秀树"，《LIXIL eye》第 1 期，2012 年 11 月

"金属造型家　渡边辽、须田贵世子"，《LIXIL eye》第 2 期，2013 年 4 月

"画家　仲田智"，《LIXIL eye》第 7 期，2015 年 2 月

"插画师　葵·胡珀"，《LIXIL eye》第 4 期，2014 年 2 月

"雕刻家　上田快、上田亚矢子"，《LIXIL eye》第 8 期，2015 年 6 月

"琉特琴演奏家　角田隆"，《LIXIL eye》第 5 期，2014 年 6 月

"织物设计师　真木千秋"，《LIXIL eye》第 11 期，2016 年 6 月

"陶艺家　小川待子"，《LIXIL eye》第 3 期，2013 年 10 月

"锻造家　藤田良裕"，《LIXIL eye》第 10 期，2016 年 2 月

"佛科拉工匠　保罗·布兰德里西奥"，《LIXIL eye》第 12 期，2016 年 10 月

"画家　绵引明浩"，《LIXIL eye》第 6 期，2014 年 10 月

"陶艺家　武田武人"，本书新作篇目。

摄影

相原功："雕刻家　前川秀树""金属造型家　渡边辽、须田贵世子""画家　仲田智""雕刻家　上田快、上田亚矢子""琉特琴演奏家　角田隆""陶艺家　小川待子""画家　绵引明浩"

雨宫秀也："锻造家　藤田良裕"（第 162 页图除外）、"陶艺家　武田武人"

中村好文：本书上述之外其余照片

绘画

中村好文

图书在版编目(CIP)数据

生活艺术家的手作私宅/(日)中村好文著;蕾克
译.—上海:上海人民出版社,2021
ISBN 978 - 7 - 208 - 17073 - 5

Ⅰ.①生… Ⅱ.①中… ②蕾… Ⅲ.①住宅-室内装
饰设计 Ⅳ.①TU241

中国版本图书馆 CIP 数据核字(2021)第 084319 号

策 划 人　张逸雯|拙考文化
责任编辑　苏　本
装帧设计　徐　翔

生活艺术家的手作私宅
(日)中村好文 著
蕾克 译

出　　版　上海人民出版社
　　　　　　(200001　上海福建中路 193 号)
发　　行　上海人民出版社发行中心
印　　刷　上海雅昌艺术印刷有限公司
开　　本　720×1000　1/16
印　　张　15.5
字　　数　60,000
版　　次　2021 年 8 月第 1 版
印　　次　2021 年 8 月第 1 次印刷
ISBN 978 - 7 - 208 - 17073 - 5/J·604
定　　价　108.00 元